Louis Figuier

Les Aérostats et les aéronautes

Sciences et techniques

ISBN : 978-1981410101

10 9 8 7 6 5 4 3 2 1

Louis Figuier

Les Aérostats
et les aéronautes

Sciences et techniques

Table de Matières

Section I

Depuis la fin du dernier siècle, l'attention publique s'est portée plus d'une fois sur les aérostats et sur les applications qu'on pourrait faire de la locomotion aérienne à certaines recherches scientifiques. Presque toujours à ces périodes d'engouement pour les ascensions aérostatiques succédaient des périodes de complète indifférence, et la découverte de Montgolfier a eu cela de commun avec la plupart des grandes inventions modernes, qu'elle a été tour à tour saluée avec enthousiasme ou laissée dans un injuste oubli. Aujourd'hui cependant on en vient de nouveau à rechercher quels services les aérostats pourraient rendre à la science, et avec cette question, qui a son importance, s'est réveillée une autre question, beaucoup plus séduisante celle d'une navigation aérienne réglée et dirigée par le génie humain. Ici nous touchons à l'hypothèse, mais la grandeur même et l'audace de telles entreprises ne sont-elles pas d'éclatants témoignages de l'activité intellectuelle de notre siècle ? Il y a là certainement, sinon de grands résultats à constater immédiatement, du moins un mouvement curieux de recherches et d'expériences à suivre dans ses phases diverses, et les annales de la locomotion aérienne, depuis les premières montgolfières jusqu'au *vaisseau* de M. Petin, se rattachent par plus d'un point, nous espérons le prouver, à l'histoire des sciences physiques comme à leurs récents progrès.

Personne n'ignore que l'invention des aérostats, d'origine toute française, appartient aux frères Etienne et Joseph Montgolfier, fils d'un manufacturier d'Annonay, connu depuis longtemps pour son habileté dans l'art de la fabrication du papier. La famille Montgolfier était originaire de la petite ville d'Ambert, en Auvergne. On voyait encore, vers le milieu du siècle dernier, sur le penchant d'une colline qui domine la ville, les ruines d'une très ancienne résidence de la famille Montgolfier, qui paraît avoir donné ou pris son nom au pays qu'elle habitait [1]. Les Montgolfier avaient embrassé avec ardeur la cause de la réforme ; après les massacres de la Saint-Barthélemy, leurs biens furent confisqués, leurs papeteries détruites, et ils vinrent se réfugier, avec les débris de leur fortune, dans les montagnes du Vivarais. Les établissements nouveaux qu'ils fondèrent plus tard à Annonay ne tardèrent pas à acquérir une grande importance, et, dès le commencement du XVIIIe siècle, la manufacture de Pierre Montgolfier était connue dans toute l'Europe pour la perfection de ses produits.

C'est au milieu de cette famille vouée depuis des siècles à la pratique de l'industrie et des arts, sous les yeux d'un père justement honoré pour ses lumières et sa probité, vivant en patriarche entre ses ouvriers et ses enfants, que naquirent les inventeurs de la machine aérostatique. Destinés à se livrer par état aux opérations industrielles, ils s'y préparèrent de bonne heure par l'étude des sciences, dont plus tard ils ne perdirent jamais le goût. Étienne Montgolfier avait une vocation marquée pour l'architecture ; il se rendit à Paris, où il reçut les leçons de Soufflot. Il existe encore dans les environs de Paris des églises et des maisons bâties d'après ses plans, et qui témoignent de son talent non moins que de son goût. Étienne avait en outre pour les mathématiques des dispositions précoces, qui lui avaient valu l'estime des savants les plus distingués. Cependant son père le rappela à Annonay pour prendre part à la direction de la manufacture héréditaire. Etienne Montgolfier apporta à sa famille l'utile secours de ses connaissances. Il découvrit divers procédés de fabrication que les Hollandais, longtemps nos rivaux en ce genre, enveloppaient d'un impénétrable mystère [2], et contribua pour beaucoup à amener la révolution qui s'est opérée à cette époque dans cette branche importante de l'industrie française. Son frère, Joseph Montgolfier, qui partagea ses travaux et sa gloire, avait comme lui ressenti de bonne heure un goût très vif pour les sciences mathématiques ; mais il avait un genre d'esprit particulier qui l'éloignait des règles et des méthodes de travail habituelles aux géomètres. Dans l'exécution de ses calculs, il s'écartait toujours des voies connues ; il combinait pour lui-même, à l'aide de tâtonnements empiriques, certaines formules dont il se servait pour résoudre les problèmes les plus difficiles et les plus délicats. Il avait beaucoup moins d'instruction et de savoir que son frère, mais il avait reçu en partage un génie véritablement inventif, quoique marqué au coin d'une certaine bizarrerie. Placé à l'âge de treize ans au collège de Tournon, il n'avait pu se plier aux exigences de l'enseignement classique, et il était parti un matin, décidé à descendre jusqu'à la Méditerranée pour y vivre en ermite le long de la plage. Surpris par la faim dans une métairie du Bas-Languedoc et ramené au collège, il avait réussi à s'enfuir une seconde fois et à gagner la ville de Saint-Etienne. Arrivé là, il s'était enfermé dans un misérable réduit, et, en fabriquant du bleu de Prusse et quelques autres sels employés dans les arts, il avait pu se procurer assez d'argent pour se rendre à Paris. Joseph Montgolfier trouva installées au café Procope toute la littérature et toute la science du temps, et c'est là qu'il noua diverses relations qui exercèrent sur lui une heureuse influence. Son père l'ayant aussi rappelé à son tour, il revint à Annonay pour participer aux travaux de la fabrique. Il put dès-lors donner carrière à toute l'ardeur de son imagination ; mais ses idées étaient si hardies et si nouvelles, que l'esprit d'ordre et d'économie de la maison s'en effraya à bon droit ; on dut bien des fois contenir cette ardeur en de plus sages limites. En effet, l'humeur entreprenante dont l'avait doué la nature avait besoin d'être rectifiée et contenue par une pensée plus calme et plus méthodique : il trouva chez son frère les qualités qui lui manquaient. Si différentes par leurs allures, ces deux intelligences étaient cependant presque indispensables l'une à l'autre. Dès ce jour, il s'établit entre les deux Montgolfier cette communauté d'existence, cette double vie intellectuelle qui seule fait comprendre leurs travaux et prépara leurs succès.

La ville d'Annonay est située en face des Hautes-Alpes, et de la manufacture des frères Montgolfier on voyait se dérouler à l'horizon toute la chaîne de ces montagnes. Le spectacle de la production et de l'ascension des nuages, qu'ils voyaient chaque jour se former sur le flanc des Alpes, les amena bientôt à méditer sur les causes de la suspension et de l'équilibre de ces masses énormes qui se promènent dans les cieux ; mais l'esprit inventif des deux frères ne pouvait s'en tenir à des spéculations purement théoriques, et ils formèrent le projet d'imiter la nature dans l'une de ses opérations les plus brillantes. Il ne leur parut pas impossible de composer des nuages factices qui, à l'imitation des nuages naturels, s'élèveraient dans les plus hautes régions de l'air. Pour reproduire autant que possible les conditions que présente la nature, ils renfermèrent de la vapeur d'eau dans une enveloppe à la fois résistante et légère. Ce nuage factice s'élevait dans l'air, mais la température extérieure ramenait bientôt la vapeur à l'état liquide, l'enveloppe se mouillait, et l'appareil retombait sur le sol. Ils essayèrent, sans plus de succès, d'emmagasiner la fumée produite par la combustion du bois et dirigée dans une enveloppe de toile. Le gaz reçu dans cette enveloppe se refroidissait et ne parvenait point à soulever le petit appareil.

Sur ces entrefaites parut en France la traduction de l'ouvrage de Priestley : *Des différentes Espèces d'air*. Dans ce livre, qui exerça une influence décisive sur la création et le développement de la chimie, Priestley faisait connaître un grand nombre de gaz nouveaux ; il exposait en termes généraux les propriétés, les caractères, le poids spécifique, les différences relatives des fluides élastiques. Dans un séjour que fit Étienne Montgolfier à Montpellier, il eut occasion de lire l'ouvrage de Priestley. En revenant à Annonay, il réfléchissait profondément sur les faits signalés par le physicien anglais, et c'est en montant la côte de Serrière qu'il fut frappé, dit-il dans son *Discours à l'Académie de Lyon*, de la possibilité de rendre l'air navigable en tirant parti de l'une des propriétés reconnues par Priestley aux fluides élastiques. Il suffisait, pour s'élever dans l'atmosphère, de renfermer dans une enveloppe d'un faible poids un gaz plus léger que l'air ; l'appareil s'élèverait, en vertu de son excès de légèreté sur l'air environnant, jusqu'à ce qu'il rencontrât à une certaine hauteur des couches dont la pesanteur spécifique le maintînt en équilibre. Rentré chez lui, Étienne Montgolfier se hâta de communiquer cette pensée à son frère, qui l'accueillit avec transport. Dès ce moment, ils furent certains de réussir dans leurs tentatives pour imiter et reproduire les nuages. Ils essayèrent d'abord de renfermer dans diverses enveloppes d'un faible poids, certains gaz plus légers que l'air. Le gaz inflammable, c'est-à-dire le gaz hydrogène, fut essayé l'un des premiers ; mais l'enveloppe de papier dont ils se servirent était perméable au gaz, elle laissait transpirer l'hydrogène, l'air entrait à sa place, et le globe, un moment soulevé, ne tardait pas à redescendre. D'ailleurs, l'hydrogène était un gaz à peine observé à cette époque et encore très mal connu, la préparation en était difficile et coûteuse ; on renonça à en faire usage. Après avoir essayé quelques autres gaz ou vapeurs, les frères Montgolfier en vinrent à penser que l'électricité, qui, selon eux, était une des causes principales de l'ascension et de l'équilibre des nuages, pourrait aussi jouer un rôle dans l'ascension de leur appareil : ils cherchèrent donc à composer un gaz affectant des propriétés électriques. Ils pensèrent obtenir un gaz de cette nature en faisant un mélange d'une vapeur à propriétés alcalines avec une autre vapeur qui serait dépourvue de ces propriétés. Pour former un tel mélange, ils firent brûler ensemble de la paille légèrement mouillée et de la laine hachée, matière animale qui donne naissance, en brûlant, à des gaz qui offrent une réaction alcaline. Ils reconnurent que la combustion de ces deux corps au-dessous d'une enveloppe de toile ou de papier fermée de toutes parts et bien résistante provoquait l'ascension rapide du petit appareil [3].

L'idée théorique qui amena les Montgolfier à la découverte des ballons ne supporte pas l'examen. C'est une de ces conceptions vagues et mal raisonnées, comme on en trouve tant à cette époque de renouvellement pour les sciences modernes. L'ascension des *montgolfières* s'expliquait tout simplement par la dilatation de l'air échauffé, qui devient ainsi plus léger que l'air environnant, et tend dès-lors à s'élever jusqu'à ce qu'il rencontre des couches d'une densité égale à la sienne. La fumée abondante produite par la combustion de la laine et de la paille mouillée ne faisait qu'augmenter le poids de l'air chaud, sans amener aucun des avantages sur lesquels les inventeurs avaient compté. De Saussure le prouva parfaitement l'année suivante, lorsque, pour terminer la discussion élevée à ce sujet entre les physiciens, il prit un petit ballon de papier ouvert à sa partie inférieure, et introduisit avec précaution dans son intérieur un *fer à sonder* rougi à blanc. La petite machine se gonfla à vue d'œil, quitta les mains de l'opérateur e s'éleva au plafond de l'appartement. Il fut bien démontré dès-lors que la raréfaction de l'air par la chaleur était la seule cause du phénomène et l'on cessa de donner le nom fort impropre de *gaz montgolfier* au mélange gazeux qui déterminait l'ascension.

Encouragés par le résultat de cette première expérience, les frère Montgolfier construisirent un appareil plus grand, qui pouvait contenir vingt mètres cubes d'air. Ce nouvel essai réussit parfaitement, car la machine s'éleva avec tant de force qu'elle brisa les cordes qui la retenaient et alla tomber sur les coteaux voisins, après avoir atteint une hauteur de trois cents mètres. Certains alors du succès, ils s'appliquèrent à construire un appareil de grande dimension, et résolurent d'exécuter sur une des places de la ville d'Annonay une expérience solennelle, pour faire connaître et constater publiquement leur découverte. L'expérience eut lieu le 5 juin 1783, en présence d'une foule immense. L'assemblée des états particuliers du Vivarais, qui siégeait en ce moment dans la ville d'Annonay, assista tout entière à cette épreuve mémorable. La machine aérostatique avait douze mètres de diamètre ; elle était construite en toile d'emballage doublée de papier. À sa partie inférieure, on avait disposé un réchaud en fil de fer sur lequel on brûla dix livres de paille mouillée et de laine hachée. La machine fit effort pour se soulever, on l'abandonna à elle-même, et elle s'éleva aussitôt, aux acclamations des spectateurs. En dix minutes, elle monta à cinq cents mètres de hauteur ; mais, comme elle perdait la plus grande partie de son gaz par suite de la perméabilité de la toile et du papier, on la vit bientôt redescendre lentement vers la terre. Un procès-verbal de cette grande expérience fut dressé aussitôt par les membres des états du Vivarais et expédié à l'Académie des Sciences de Paris. Sur la demande de M. de Breteuil, alors ministre, l'Académie des Sciences nomma une commission pour prendre connaissance des faits. Lavoisier, Cadet, Condorcet, Desrnaretz, Bossut, Brisson, Leroy et Tillet composaient cette commission. Étienne Montgolfier fut mandé à Paris et prévenu que l'expérience serait répétée prochainement aux frais de l'Académie.

Cependant la nouvelle de l'expérience d'Annonay avait causé à Paris une sensation des plus vives. La curiosité du public et des savarts était trop vivement excitée pour que l'on s'accommodât des lenteurs habituelles des commissions académiques. Il fallait à tout prix répéter immédiatement l'expérience sous les yeux des parisiens. Faujas de Saint-Fond, professeur au Muséum, ouvrit une souscription publique pour subvenir aux frais de l'entreprise ; 10,000 francs furent recueillis en quelques jours. Les frères Robert, habiles constructeurs d'instruments de physique, furent chargés d'édifier la machine ; le professeur Charles, alors dans tout l'éclat de la jeunesse et du talent, se chargea de diriger le travail. L'entreprise offrait beaucoup de difficultés, on le comprendra sans peine. Le procès-verbal de l'expérience de Montgolfier, les lettres d'Annonay qui en avaient raconté les détails ne donnaient aucune indication sur la nature du gaz dont s'était servi l'inventeur : on se bornait à dire que la machine avait été *remplie avec un gaz moitié moins pesant que l'air ordinaire*. Charles ne perdit pas son temps à chercher quel était le gaz dont Montgolfier avait fait usage ; il comprit que, puisque l'expérience avait réussi avec un gaz qui n'avait que la moitié du poids spécifique de l'air commun, elle réussirait bien mieux encore avec le gaz inflammable ou gaz hydrogène, qui pèse quatorze fois moins que l'air. En conséquence, il se décida à remplir le ballon avec le gaz inflammable ; mais cette opération elle-même n'était pas sans difficultés. L'air inflammable était encore un gaz à peine connu ; on ne l'avait jamais préparé que dans les cours publics et en opérant sur de très faibles quantités ; les savants eux-mêmes ne le maniaient pas sans quelque crainte à cause des dangers qu'il présente par son inflammabilité. Or, il fallait obtenir et accumuler dans un même réservoir plus de quarante mètres cubes de ce gaz. Néanmoins on se mit à l'œuvre ; on s'établit dans les ateliers des frères Robert, situés près de la place des Victoires. Il fallait, pour la première fois, imaginer et construire les appareils nécessaires à la préparation et à la conservation des gaz. Beaucoup de dispositions différentes furent essayées sans trop de succès ; enfin, pour procéder à la formation et au dégagement du gaz, on disposa l'appareil de la manière suivante : on prit un tonneau dans lequel on plaça de l'eau et de la limaille de fer ; le fond supérieur de ce tonneau était percé de deux trous ; l'un donnait passage à un tube de fer-blanc qui amenait le gaz dans l'intérieur du ballon ; l'autre était simplement fermé par un bouchon, pour ajouter successivement et par petites portions l'acide sulfurique qui devait donner naissance au gaz hydrogène par sa réaction sur le fer. On voit, d'après cette disposition grossière, combien on était encore peu avancé, à cette époque, dans l'art de manier les gaz, et on comprend quels obstacles il fallut surmonter avant d'atteindre au but définitif. Il nous suffira de dire que, pour obtenir la quantité de gaz inflammable qui devait remplir ce ballon, on employa mille livres de fer et cinq cents livres d'acide sulfurique. Trois jours furent employés au dégagement de l'hydrogène. Le quatrième jour, le ballon, aux deux tiers rempli de gaz, flottait dans l'atelier des frères Robert.

Cependant le public avait connaissance de l'opération qui s'exécutait place des Victoires ; on se pressait en foule aux portes de la maison. Il fallut requérir l'assistance du guet pour contenir l'impatience des curieux. Le 27 août, tout se trouvant disposé pour l'expérience, on s'occupa de transporter la machine au Champ-de-Mars, où devait s'effectuer l'ascension. Pour éviter l'encombrement des curieux, la translation se fit avant le jour. La machine, portée sur un brancard, s'avançait précédée de torches, escortée par un détachement du guet. L'obscurité de la nuit, la forme étrange et inconnue de ce globe immense, qui s'avançait lentement à travers les rues silencieuses, tout prêtait à cette scène nocturne un caractère particulier de mystère et d'étrangeté, et l'on vit sur la route des hommes du peuple, se rendant à leurs travaux, s'agenouiller devant le cortège, saisis d'une sorte de superstitieuse terreur. À trois heures, une foule immense se portait au Champ-de-Mars, la place était garnie de troupes, les avenues gardées de tous les côtés. Les bords de la rivière, l'amphithéâtre de Passy, l'École militaire, les Invalides et tous les alentours du Champ-de-Mars étaient occupés par les curieux. Trois cent mille personnes, c'est-à-dire la moitié de la population de Paris, s'étaient donné rendez-vous en cet endroit. À cinq heures, un coup de canon annonça que l'expérience allait commencer ; il servit en même temps d'avertissement pour les savants qui, placés sur la terrasse du Garde-Meuble, sur les tours de Notre-Dame et à l'École militaire, devaient appliquer les instruments et le calcul à l'observation du phénomène. Délivré de ses liens, le globe s'élança avec une telle vitesse, qu'il fut porté en deux minutes à mille mètres de hauteur ; là, il trouva un nuage obscur dans lequel il se perdit. Un second coup de canon annonça la disparition du ballon ; mais on le vit bientôt percer la nue, reparaître un instant à une très grande élévation, et s'éclipser enfin dans d'autres nuages. Un sentiment d'admiration et d'enthousiasme indicible s'empara alors de l'esprit des spectateurs. Les yeux fixés sur le même point du ciel, tous recevaient, sans songer à s'en garantir, une pluie violente, qui ne cessait pas de tomber. La population de Paris, si avide d'émotions et de surprises, n'avait jamais assisté à un aussi curieux spectacle.

Le ballon ne fournit pas cependant toute la carrière qu'il aurait pu parcourir. Dans leur désir de lui donner la forme complètement sphérique du globe et d'en augmenter aussi le volume aux yeux des spectateurs, les frères Robert avaient voulu, contrairement à l'opinion de Charles, que le ballon fût entièrement gonflé au départ ; ils introduisirent même de l'air au moment de le lancer, afin de bien tendre toutes les parties de l'étoffe. La tension extrême du gaz amena la rupture du ballon lorsqu'il fut parvenu dans une région élevée ; il se fit à sa partie supérieure une déchirure de plusieurs pieds ; le gaz s'échappa, et le globe vint tomber lentement, après trois quarts d'heure de marche, auprès d'Écouen, à cinq lieues de Paris. Il s'abattit au milieu d'une troupe de paysans de Gonesse,, que cette apparition frappa d'abord d'épouvante ; pourtant ils ne tardèrent pas à se rassurer, et, pour se venger de la terreur qu'ils avaient ressentie, ils se précipitèrent avec furie sur l'innocente machine, qui fut en quelques instants réduite en pièces. Le premier ballon à gaz hydrogène, ce bel instrument qui avait coûté tant de soins et de travaux, fut attaché à la queue d'un cheval et traîné pendant une heure à travers les champs, les fossés et les routes. Cet événement fit assez de bruit pour que le gouvernement crût nécessaire de publier un *avis au peuple* touchant le passage ou la chute des machines aérostatiques. Dans les derniers mois de 1783, cette instruction fut répandue dans toute la France [4].

Cependant Étienne Montgolfier était arrivé à Paris ; il avait assisté à l'ascension du Champ-de-Mars, et il prenait de son côté les dispositions nécessaires pour répéter, conformément au désir de l'Académie des sciences, l'expérience du *ballon à feu* telle qu'il l'avait exécutée à Annonay. Il s'établit dans les immenses jardins de son ami Réveillon, ce même fabricant du faubourg Saint-Antoine dont la mort devait, quelques années après, marquer si tristement les premiers jours de la révolution française. L'aérostat que Montgolfier fit construire avait des dimensions considérables ; sa forme était assez bizarre : la partie moyenne représentait un prisme haut de huit mètres, le sommet une pyramide de la même hauteur, la partie inférieure un cône tronqué de six mètres, de telle sorte que la machine entière, de la base au sommet, comptait vingt-cinq mètres de hauteur sur quinze environ de diamètre. Elle était faite de toile d'emballage doublée d'un fort papier au dedans comme au dehors, et pouvait enlever un poids de douze cent cinquante livres.

Le 11 septembre 1783, on fit le premier essai de cette belle machine ; on la vit se remplir en neuf minutes, se dresser sur elle-même, se gonfler et prendre une belle forme ; huit hommes qui la retenaient perdirent terre et furent soulevés à plusieurs pieds ; elle serait montée à une grande hauteur, si on ne lui eût opposé de nouvelles forces. L'expérience fut répétée le lendemain devant les commissaires de l'Académie des Sciences et en présence d'un nombre considérable de personnes. Malgré une pluie battante et un vent impétueux, on fit brûler cinquante livres de paille en y ajoutant à diverses reprises dix livres de laine hachée. La machine se gonfla, perdit terre et se souleva, entraînant une charge de cinq cents livres. Si l'on eût alors coupé les cordes qui le retenaient, l'aérostat se serait élevé à une hauteur considérable ; mais on ne voulut pas le laisser partir. Montgolfier venait en effet de recevoir du roi l'ordre d'exécuter son expérience à Versailles, devant la cour. Par malheur, dans ce moment, la pluie redoubla de violence, le vent devint furieux ; les efforts que l'on fit pour ramener à terre la machine la déchirèrent en plusieurs points ; la pluie en détrempa et en détruisit le tissu trop léger, les coups multipliés du vent achevèrent de la mettre en pièces, et elle fut bientôt tout-à-fait hors de service.

Il fallait cependant une expérience pour le 19 septembre à Versailles. Aidé de quelques amis, Montgolfier se remit à l'œuvre ; on travailla avec tant d'empressement et d'ardeur, que cinq jours suffirent pour construire un autre aérostat ; il avait fallu un mois pour achever le premier. Ce nouveau ballon, de forme entièrement sphérique, était construit cependant avec beaucoup plus de solidité. Il était d'une bonne et forte toile de coton ; on l'avait même peint en détrempe. Il était bleu avec des ornements en or, et représentait l'image d'une tente richement décorée. Le 19 au matin, il fut transporté à Versailles, où tout était disposé pour le recevoir. Dans la grande cour du château, on avait élevé une vaste estrade percée en son milieu d'une ouverture circulaire de cinq mètres de diamètre destinée à loger le ballon ; on circulait autour de cette estrade pour le service de la machine. Le réchaud en fil de fer que portait l'aérostat, et qui devait servir à placer les combustibles, reposait sur le sol. On enferma dans une cage d'osier suspendue à la partie inférieure de l'aérostat un mouton, un coq et un canard, qui étaient ainsi destinés à devenir les premiers navigateurs aériens. À dix heures du matin, la route de Paris à Versailles était couverte de voitures ; on arrivait en foule de tous les côtés. À midi, la cour du château, la place d'Armes et les avenues environnantes étaient inondées de spectateurs. Le roi descendit sur l'estrade avec sa famille ; il fit le tour du ballon et se fit rendre compte par Montgolfier des dispositions et des préparatifs de l'expérience. À une heure, une décharge de mousqueterie annonça que la machine allait se remplir. On brûla quatre-vingts livres de paille et cinq livres de laine. La machine déploya ses replis, se gonfla rapidement et développa sa forme imposante. Une seconde décharge annonça qu'on était prêt à partir. À la troisième, les cordes furent coupées, et l'aérostat s'éleva pompeusement au milieu des acclamations de la foule. Ce ballon ne resta que peu de temps en l'air. Une déchirure de sept pieds, amenée par un coup de vent subit au moment du départ, l'empêcha de se soutenir longtemps. Il tomba dix minutes après son ascension, à une lieue de Versailles, dans le bois de Vaucresson. Deux gardes-chasses qui se trouvaient dans le bois, virent la machine descendre avec lenteur et ployer les hautes branches des arbres sur lesquels elle se reposa. La corde qui retenait la cage d'osier s'embarrassa dans les rameaux ; la cage tomba, les animaux en sortirent sans accident. Le premier qui accourut pour dégager le ballon et pour reconnaître comment les animaux avaient supporté le voyage fut Pilâtre des Rosiers. Il suivait avec une passion ardente ces expériences, qui devaient faire un jour son martyre et sa gloire.

Section II

On croyait désormais pouvoir, avec quelque confiance, transformer les ballons en appareils de navigation aérienne. Etienne Montgolfier se mit donc à construire, dans les jardins du faubourg Saint-Antoine, un ballon disposé de manière à recevoir des voyageurs. Les dimensions de cette nouvelle machine étaient très considérables, car elle n'avait pas moins de vingt mètres de hauteur sur seize de diamètre, et pouvait contenir vingt mille mètres cubes d'air. On disposa autour de la partie extérieure de l'orifice du ballon une galerie circulaire en osier recouverte de toile et destinée à recevoir les aéronautes ; cette galerie avait un mètre de large ; une balustrade la protégeait et permettait d'y circuler commodément. On pouvait donc faire le tour de l'orifice extérieur de l'aérostat. L'ouverture de la machine était ainsi parfaitement libre, et c'est au milieu de cette ouverture que se trouvait, suspendu par des chaînes, le réchaud en fil de fer dont la combustion devait entraîner l'appareil. On avait emmagasiné dans une partie de la galerie une provision de paille pour donner aux aéronautes la faculté de s'élever à volonté en activant le feu.

Le ballon étant construit, on commença, le 15 octobre, à essayer de s'en servir comme d'un navire aérien. On le retenait captif au moyen de longues cordes qui ne lui permettaient de monter que jusqu'à une certaine hauteur. Pilâtre des Rosiers en fit l'essai le premier ; il s'éleva à différentes reprises de toute la longueur des cordes. Les jours suivants, quelques autres personnes, enhardies par son exemple, l'accompagnèrent dans ces essais préliminaires, qui donnaient beaucoup d'espoir pour le succès de l'expérience définitive. Tout le monde remarquait l'adresse de Pilâtre et l'intrépide ardeur avec laquelle il se livrait à ces difficiles manœuvres. Dans l'une de ces expériences, le ballon, chassé par le vent, vint tomber sur la cime des grands arbres du jardin de Réveillon ; les assistants jetèrent un cri d'effroi, car la machine s'engageait dans les branches et menaçait de verser les voyageurs ; mais Pilâtre, sans s'émouvoir, prit avec sa longue fourche de fer une énorme botte de paille qu'il jeta dans le foyer : la machine se dégagea aussitôt et remonta aux applaudissements des assistants.

On se pressait en foule à la porte du jardin pour assister de loin à ces curieuses manœuvres. Pendant les journées du 15, du 17 et du 19 octobre, l'affluence était si considérable dans le faubourg Saint-Antoine, sur les boulevards et jusqu'à la porte Saint-Martin, que, sur tous ces points, la circulation était devenue impossible. L'encombrement excessif des curieux dans les rues de la ville aurait pu amener des embarras ou des dangers ; on se décida à faire l'ascension hors de Paris. Le dauphin offrit à Montgolfier les jardins de son château de la Muette au bois de Boulogne.

Cependant, à mesure qu'approchait le moment décisif, Montgolfier hésitait ; il concevait des craintes sur le sort réservé au courageux aéronaute qui ambitionnait l'honneur de tenter le premier les hasards de la navigation aérienne. Il demandait, il exigeait des essais nouveaux. Il faut reconnaître que le projet de Pilâtre avait de quoi effrayer les cœurs les plus intrépides. Quatre mois s'étaient à peine écoulés depuis l'invention des aérostats, et le temps n'avait pu permettre encore d'apprécier toutes les conditions, tous les écueils d'une ascension à ballon perdu. On ne s'était pas encore avisé de munir les aérostats de cette soupape salutaire qui permet, en donnant issue au gaz inférieur, d'effectuer la descente sans difficulté ni embarras ; d'ailleurs, avec les ballons à feu, ce moyen perd, comme on le sait la plus grande partie de sa valeur. On n'avait pas encore imaginé ce *lest*, le *palladium* des aéronautes, qui permet de s'élever à volonté, et donne ainsi les moyens de choisir le lieu du débarquement. En outre la présence d'un foyer incandescent au milieu d'une masse aussi inflammable que l'enveloppe d'un ballon ouvrait évidemment la porte à tous les dangers. Ce tissu de toile et de papier pouvait s'embraser au milieu des airs et précipiter les imprudents aéronautes, ou bien, le feu venant à manquer par un accident quelconque, l'appareil était entraîné vers la terre par une chute terrible. Le combustible entassé dans la galerie offrait encore à l'incendie un aliment redoutable ; la flamme du réchaud pouvait se communiquer à la paille et propager ainsi la combustion à l'enveloppe du ballon. Enfin des flammèches tombées du foyer pouvaient, au milieu des campagnes, descendre sur les granges et les édifices. Aussi Montgolfier temporisait-il, demandant de nouvelles expériences. À l'exemple de toutes les commissions académiques, la commission de l'Académie des Sciences ne se prononçait pas. Le roi eut connaissance de ces difficultés. Après mûr examen, il s'opposa à l'expérience, et donna au lieutenant de police l'ordre d'empêcher le départ. Il permettait seulement que l'expérience fût tentée avec deux condamnés que l'on embarquerait dans la machine. Pilâtre dos Rosiers s'indigne à cette proposition : « Eh quoi ! de vils criminels auraient les premiers la gloire de s'élever dans les airs ! Non, non, cela ne sera point. » Il conjure, il supplie, il remue la ville et la cour, il s'adresse aux personnes le plus en faveur à Versailles ; il s'empare de la duchesse de Polignac, gouvernante des enfants de France et toute-puissante sur l'esprit de Louis XVI. Celle-ci plaide chaleureusement sa cause auprès du roi. Le marquis d'Arlandes, gentilhomme de Languedoc, major dans un régiment d'infanterie, avait fait avec lui quelques ascensions préparatoires en ballon captif ; Pilâtre le dépêche vers le roi. Le marquis d'Arlandes proteste que l'ascension ne présente aucun danger, et, comme preuve de son affirmation, il offre d'accompagner Pilâtre dans son voyage aérien. Sollicité de tous les côtés, Louis XVI se rendit.

Le 21 novembre 1783, à une heure de l'après-midi, en présence du dauphin et de sa suite, rassemblés dans les beaux jardins de la Muette. Pilâtre des Rosiers et le marquis d'Arlandes exécutèrent ensemble le premier voyage aérien. Malgré un vent assez violent et un ciel orageux, la machine s'éleva rapidement. Arrivés à la hauteur de cent mètres, les voyageurs agitèrent leurs chapeaux pour saluer la multitude qui s'agitait au-dessous d'eux, partagée entre l'admiration et la crainte. La machine continua de s'élever majestueusement, et bientôt il ne fut plus possible de distinguer les nouveaux argonautes. On vit l'aérostat longer l'île des Cygnes et filer au-dessus de la Seine, jusqu'à la barrière de la Conférence, où il traversa la rivière. Il se maintenait toujours à une très grande hauteur, de telle manière que les habitants de Paris, qui accouraient en foule de toutes parts, pouvaient l'apercevoir du fond des rues les plus étroites. Les tours de Notre-Dame étaient couvertes de curieux, et la machine, en passant entre le soleil et le point qui correspondait à l'une des tours, y produisit une éclipse d'un nouveau genre. Enfin l'aérostat, s'élevant ou s'abaissant plus ou moins en raison de la manœuvre des voyageurs aériens, passa entre l'hôtel des Invalides et l'École militaire, et, après avoir plané sur les Missions étrangères, s'approcha de Saint-Sulpice. Alors les navigateurs, ayant forcé le feu pour quitter Paris, s'élevèrent et trouvèrent un courant d'air qui, les dirigeant vers le sud, leur fit dépasser le boulevard, et les porta dans la plaine, au-delà du mur d'enceinte, entre la barrière d'Enfer et la barrière d'Italie. Le marquis d'Arlandes, trouvant que l'expérience était complète et pensant qu'il était inutile d'aller plus loin dans un premier essai, cria à son compagnon : « Pied à terre ! Ils cessèrent le feu, la machine s'abattit lentement, et se reposa sur la *Butte aux Cailles*, entre le Moulin-Vieux et le Moulin des Merveilles. En touchant la terre, le ballon s'affaissa presque entièrement sur lui-même. Le marquis d'Arlandes sauta hors de la galerie ; mais Pilâtre des Rosiers, qui était à l'avant de la galerie et par conséquent sous le vent, s'embarrassa dans les toiles et demeura quelque temps comme enseveli sous les plis de la machine, qui s'était abattue de son côté. Etait-ce là un présage et comme un sinistre avertissement du sort qui lui était réservé ? La machine fut repliée, mise dans une voiture et ramenée dans les ateliers du faubourg Saint-Antoine. Les voyageurs n'avaient ressenti, durant le trajet, aucune impression pénible ; ils étaient tout entiers à l'orgueil et à la joie de leur triomphe. Le marquis d'Arlandes monta aussitôt à cheval et vint rejoindre ses amis au château de la Muette. On l'accueillit avec des pleurs de joie et d'ivresse. Parmi les personnes qui avaient assisté aux préparatifs du voyage, on remarquait Benjamin Franklin ; on aurait dit que le Nouveau-Monde l'avait envoyé pour être témoin de cet événement mémorable. C'est à cette occasion que Franklin prononça un mot souvent répété. On disait devant lui : « A quoi peuvent servir les ballons ? — A quoi peut servir l'enfant qui vient de naître ? » répliqua le philosophe américain.

Le but que Pilâtre des Rosiers s'était proposé dans cette périlleuse tentative était ayant tout un but scientifique. Il fallait, sans plus tarder, s'efforcer de tirer parti, pour l'avancement de la physique et de la météorologie, de ce moyen si brillant et si nouveau d'expérimentation ; mais on reconnut bien vite que l'appareil dont Pilâtre s'était servi, c'est-à-dire le ballon à feu ou la *montgolfière*, comme on l'appelait déjà, ne pouvait rendre, à ce point de vue, que de médiocres service. En effet, le poids de la quantité considérable de combustible que l'on devait emporter, joint à la faible différence qui existe entre la densité de l'air échauffé et la densité de l'air ordinaire ne permettait pas d'atteindre de grandes hauteurs. En outre, la nécessité constante d'alimenter le feu absorbait tous les moments des aéronautes, et leur ôtait les moyens de se livrer aux expériences et à l'observation des instruments. On comprit dès-lors que les ballons à gaz hydrogène pouvaient seuls offrir la sécurité et la commodité indispensables à l'exécution des voyages aériens. Aussi, quelques jours après, deux hardis expérimentateurs, Charles et Robert, annonçaient par la voie des journaux, le programme d'une ascension dans un aérostat à gaz inflammable. Ils ouvrirent une souscription de 10,000 francs pour *un globe de soie devant porter deux voyageurs, lesquels s'enlèveraient à ballon perdu, et tenteraient en l'air des observations et des expériences de physique.* La souscription fut remplie eu quelques jours.

Le voyage aérien de Pilâtre des Rosiers et du marquis d'Arlande avait été surtout un trait d'audace. Sur la foi de leur courage et sans aucune des précautions les plus naturelles, ils avaient accompli des entreprises les plus extraordinaires que l'homme ait jamais exécutées : l'ascension de Charles et Robert présenta des conditions toute différentes. Préparée avec maturité, calculée avec une rare intelligence, elle révéla tous les services que peut rendre dans un cas pareil le secours des connaissances scientifiques. On peut dire qu'à propos de cette ascension, Charles créa tout d'un coup et tout d'une pièce l'air de l'aérostation. En effet, c'est à ce sujet qu'il imagina la soupape qui donne issue au gaz hydrogène, et détermine ainsi la descente lente et graduelle de l'aérostat, — la nacelle où s'embarquent les voyageur ; — le filet qui supporte et soutient la nacelle, — le lest qui règle l'ascension et modère la descente, — l'enduit de caoutchouc appliqué sur le tissu du ballon, qui rend l'enveloppe imperméable et prévient la déperdition du gaz, — enfin l'usage du baromètre, qui sert à mesurer chaque instant, par l'élévation ou la dépression du mercure, les hauteurs que l'aéronaute occupe dans l'atmosphère. Pour cette première ascension, Charles créa donc tous les moyens, tous les artifices, toute les précautions ingénieuses qui composent l'art de l'aérostation. On n'a rien changé et on n'a presque rien ajouté depuis cette époque aux combinaisons ingénieuses imaginées par ce physicien.

C'est au talent dont il fit preuve dans cette circonstance que Charles a dû de préserver sa mémoire de l'oubli. Quoique physicien très habile et très exercé, Charles n'a laissé aucun travail dans la science et n'a publié sur la physique. Seulement, il avait acquis, comme professeur, une réputation considérable. On accourait en foule à ses leçons. Les découvertes de Franklin avaient mis à la mode les expériences sur l'électricité ; Charles axait formé un magnifique cabinet de physique, et il faisait, dans une des salles du Louvre, des cours publics où tout Paris venait l'entendre. Son enseignement a laissé des souvenirs qui ne sont pas encore effacés. Il avait surtout l'art de donner à ses expériences une sorte de grandeur théâtrale qui étonnait toujours et frappait très vivement les esprits. S'il étudiait la chaleur rayonnante, il incendiait des corps à des distances extraordinaires ; dans ses démonstrations du microscope, il amplifiait les objets de manière à obtenir des grossissements énormes ; dans ses leçons sur l'électricité, il foudroyait des animaux ; s'il voulait montrer l'existes ce de l'électricité libre dans l'atmosphère, il faisait descendre le fluide des nuages, et tirait de ses conducteurs des étincelles de dix pieds de long qui éclataient avec le bruit d'une arme à feu. La clarté de ses démonstrations, l'élégance de sa parole, sa stature élevée, la beauté de ses traits, la sonorité de sa voix, et jusqu'à sa mise étrange, composée d'un costume à la Franklin, tout ajoutait à l'effet de ses discours. C'est ainsi que le professeur Charles était parvenu à obtenir dans Paris une renommée immense. Aussi, lorsqu'au 10 août le peuple envahit les Tuileries et le Louvre, où il s'était logé, on respecta sa demeure et l'on passa en silence devant le savant illustre dont tout Paris avait écouté et applaudi les leçons [5].

Un mois avait suffi au zèle et à l'heureuse intelligence de Charles pour disposer tous les moyens ingénieux et nouveaux dont il enrichissait l'art naissant de l'aérostation. Le 26 novembre 1783, un ballon de neuf mètres de diamètre, muni de son filet et de sa nacelle, était suspendu au milieu de la grande allée des Tuileries en face du château. Le grand bassin situé devant le pavillon de l'Horloge reçut l'appareil pour la production de l'hydrogène, qui se composait de vingt-cinq tonneaux munis de tuyaux de plomb, aboutissant à une cuve remplie d'eau, destinée à laver le gaz. Un tube d'un plus grand diamètre dirigeait l'hydrogène dans l'intérieur du ballon. Cette opération fut lente et présenta quelques difficultés ; elle ne fut même pas sans dangers. Dans la nuit, un lampion ayant été placé trop près de l'un des tonneaux, le gaz s'enflamma, et il y eut une explosion terrible. Heureusement un robinet fermé à temps empêcha l'incendie de se propager jusqu'au ballon. Tout fut réparé, et quelques jours après le ballon était rempli.

Le 1er décembre 1783, la moitié de Paris se pressait aux environs du château des Tuileries ; à midi, les corps académiques et les souscripteurs qui avaient payé leur place 4 Iouis furent introduits dans une enceinte particulière construite pour eux autour du bassin. Les simples souscripteurs à 3 francs le billet se répandient dans le reste du jardin. À l'extérieur, les fenêtres, les combles et les toits, les quais qui longent les Tuileries, le Pont-Royal et la place Louis XV étaient couverts d'une foule immense. Le ballon gonflé de gaz se balançait et ondulait mollement dans l'air ; c'était un globe de soie à bandes alternativement jaunes et rouges. Le char placé au-dessous était bleu et or. Enfin le bruit du canon retentit et annonce que l'ascension va s'exécuter. La nacelle est lestée, on la charge des approvisionnements et des instruments nécessaires. Pour connaître la direction du vent, on commence par lancer un petit ballon de soie verte de deux mètres de diamètre. Charles s'avance vers Étienne Montgolfier, tenant ce petit ballon à l'aide d'une corde, et il le prie de vouloir bien le lancer lui-même. — C'est à vous, monsieur, dit-il, qu'il appartient de nous ouvrir la route des cieux. — Le public comprit le bon goût et la délicatesse de l'allusion ; il applaudit ; le petit aérostat s'envola vers le nord-est, faisant reluire au soleil sa brillante couleur d'émeraude. Le canon retentit une seconde fois ; les voyageurs prennent place, et bientôt le ballon s'élève avec une majestueuse lenteur. L'admiration et l'enthousiasme éclatent alors de toutes parts ; des applaudissements immenses ébranlent les airs ; les soldats rangés autour de l'enceinte présentent les armes, les officiers saluent de leur épée, et la machine continue de s'élever doucement au milieu des acclamations de trois cent mille spectateurs. Le ballon, arrivé à la hauteur de Monceau, resta un moment stationnaire ; il vira ensuite de bord, se retourna sur lui-même, et suivit la direction du vent. Il traversa une première fois la Seine entre Saint-Ouen et Asnières, la passa une seconde fois non loin d'Argenteuil, et plana successivement sur Sannois, Franconville, Eau-Bonne, Saint-Leu-Taverny, Villiers et l'Ile-Adam. Après un trajet d'environ neuf lieues, en s'abaissant et s'élevant à volonté au moyen du lest qu'ils jetaient, les voyageurs descendirent à quatre heures moins un quart dans la prairie de Nesles, à neuf lieues de Paris. Robert descendit du char, Charles repartit seul. En moins de dix minutes, il parvint à une hauteur de près de quatre mille mètres. Là il se livra à de rapides observations de physique. Une demi-heure après, le ballon redescendait doucement à deux lieues de son second point de départ. Charles fut reçu à sa descente par M. Farrer, gentilhomme anglais, qui le conduisit à son château, où il passa la nuit.

Le roi accorda le lendemain une pension de deux mille livres au savant et intrépide aéronaute. Il voulut en outre que l'Académie des Sciences ajoutât le nom de Charles à celui de Montgolfier sur la médaille qu'elle se proposait de consacrer au souvenir de l'invention des aérostats. Charles aurait dû avoir le bon goût ou la modestie de refuser cet honneur. Il avait sans nul doute perfectionné les aérostats et indiqué les moyens de rendre praticables les voyages atmosphériques, mais le mérite tout entier de l'invention consiste dans le principe que les Montgolfier avaient pour la première fois mis en pratique : la gloire de la découverte devait leur revenir sans partage.

Après cette ascension mémorable, qui porta si loin la renommée du Charles, on est étonné d'apprendre que ce physicien ne recommença jamais l'expérience. Comment le désir de féconder et d'étendre sa découverte ne l'entraîna-t-il pas cent fois au sein des nuages ? On l'ignore [6]. Toujours est-il que le cours de sa carrière aérostatique s'arrête là C'est sans doute le cas de répéter le mot du grand Condé : « Il eut du courage ce jour-là »

Cependant l'intrépidité et la science des premiers navigateurs aériens avaient excité dans toute l'Europe une émulation des plus vives. Les voyages aérostatiques ne tardèrent pas à se multiplier. Les ascensions les plus dignes d'intérêt par les circonstances qui les ont accompagnées ou par leur importance scientifique doivent seules nous occuper ici.

Lyon n'avait encore été le théâtre d'aucune ascension aérostatique : — c'est dans cette ville que s'exécuta le troisième voyage aérien. Joseph Montgolfier se trouvait à Lyon à l'époque de l'ascension de Charles aux Tuileries, événement qui eut dans toute la France un retentissement extraordinaire. Le comte de Laurencin, le comte de Dampierre et quelques autres personnes distinguées de la ville de Lyon le prièrent de diriger la construction d'un ballon à feu, pour lequel une souscription était ouverte, et qui devait servir à enlever cinq ou six personnes. Montgolfier fit construire un immense aérostat, qui avait quarante-trois mètres de hauteur et trente-cinq de diamètre, c'est-à-dire à peu près les dimensions de la coupole de la Halle-au-Blé de Paris. C'est la plus vaste machine qui se soit jamais élevée dans les airs. Seulement on avait visé a l'économie, et l'on n'avait obtenu qu'un appareil de construction asses grossière, formé d'une double enveloppe de toile d'emballage recouvrant trois feuilles d'un fort papier. Sa forme était celle d'une sphère, terminée à sa partie inférieure par un cône tronqué, autour duquel régnait une galerie d'osier, destinée à loger les voyageurs. Le mauvais temps qui ne cessa de régner endommagea beaucoup cette gigantesque machine. On ne put la transporter aux Brotteaux sans des peines infinies. Il y eut de très longs retards dans les préparatifs et les essais préliminaires, on fut obligé de remettre plusieurs fois le départ, et lorsque vint enfin le jour fixé pour l'ascension, la neige, qui tomba en grande quantité, nécessita un nouvel ajournement. Les habitants de Lyon, qui n'avaient encore assisté à aucune, expérience aérostatique, doutaient fort du succès et n'épargnaient pas les épigrammes. Le comte de Laurencin, un des futurs matelots de ce vaste équipage, reçut le quatrain suivant :

Fiers assiégeants du séjour du tonnerre,
Calmez votre colère.

Et ! ne voyez-vous pas que Jupiter tremblant
Vous demande la paix par son pavillon blanc ?

Le trait était vif. M. de Laurencin répondit qu'il se chargeait d'aller chercher lui-même les clauses de l'armistice. Les aéronautes piqués au jeu accélérèrent leurs préparatifs, et quelques jours après tout fut disposé pour l'ascension, qui se fit au Brotteaux le 5 janvier 1784. En dix-sept minutes, le ballon fut gonflé et prêt à partir. Six voyageurs montèrent dans la galerie : c'étaient Joseph Montgolfier, à qui l'on avait décerné le commandement de l'équipage ; Pilâtre des Rosiers, qui était venu de Paris tout exprès ; le prince de Ligne, le comte de Laurencin, le comte de Dampierre et le comte de Laporte d'Anglefort, gentilshommes du pays. La machine avait considérablement souffert par la neige et la gelée, et Pilâtre des Rosiers reconnut bien vite que l'expérience tournerait mal, si l'on persistait à prendre six voyageurs. Trois personnes étaient la seule charge que l'aérostat pût supporter sans danger ; mais toutes ses observations furent inutiles : personne ne voulut consentir à descendre ; quelques-uns de ces gentilshommes intraitables portèrent même la main à la garde de leur épée pour défendre leurs droits. C'est en vain que l'on offrit de tirer les noms au sort : il fallut donner le signal du départ. Tout n'était pas fini : les cordes qui retenaient l'aérostat étaient à peine coupées et la machine commençait seulement à perdre terre, lorsque l'on vit un jeune négociant de la ville, nommé Fontaine, s'élancer d'une enjambée dans la galerie, et, au risque de faire chavirer l'équipage, s'installer de force au milieu des voyageurs. On renforça le feu, et, malgré cette nouvelle surcharge, l'aérostat commença de s'élever. Il n'était que depuis un quart d'heure dans les airs, quand il se fit dans l'enveloppe du ballon une déchirure de quinze mètres de long. Le volume énorme de la machine, le nombre des voyageurs, le poids excessif du lest, le mauvais état des toiles fatiguées par de trop longues manœuvres, tout avait rendu inévitable cet accident, qui faillit avoir des suites funestes. Parvenu en ce moment à deux cents mètres de hauteur, l'aérostat s'abattit avec une rapidité effrayante. On vit aussitôt, à en croire les relations de l'époque, soixante mille personnes courir vers l'endroit où la machine allait tomber. Heureusement, et grâce à l'adresse de Pilâtre, cette descente rapide n'entraîna pas de suites graves, et les voyageurs en furent quittes pour un choc un peu rude en touchant la terre. On aida les aéronautes à se dégager des toiles qui les enveloppaient. Joseph Montgolfier avait été le plus maltraité.

Le quatrième voyage aérien eut lieu en Italie. Le chevalier Andréani fit construire par les frères Gerli, architectes, une magnifique montgolfière, et il rendit les habitants de Milan témoins d'une belle ascension qu'il exécuta lui-même, et qui ne présenta d'ailleurs aucune circonstance digne d'être notée.

C'est à cette époque qu'eut lieu à Paris la première ascension de Blanchard, dont le nom était destiné à devenir fameux dans les fastes de l'aérostation. Avant la découverte des ballons, Blanchard, qui possédait le génie ou tout au moins le goût des arts mécaniques, s'était appliqué à trouver un mécanisme propre à naviguer dans les airs. Il avait construit un *bateau volant*, machine atmosphérique armée de rames et d'agrès, avec laquelle il se soutenait quelque temps dans l'air à quatre-vingts pieds de hauteur. En 1782, il avait exposé sa machine dans les jardins du grand hôtel de la rue Taranne où se trouve aujourd'hui un établissement de bains. La découverte des aérostats qui survint sur ces entrefaites détermina Blanchard à abandonner les recherches de ce genre, et il se fit aéronaute. Il exécuta sa première ascension au Champ-de-Mars, avec un ballon à gaz hydrogène, le 2 mars 1784, devant une foule immense. Blanchard avait jugé utile d'adapter à son ballon les rames et le mécanisme qui faisaient mouvoir son *bateau volant*; il espérait en tirer parti pour se diriger ou pour résister à l'impulsion du vent. Il monta dans la nacelle, ayant à ses côtés un moine bénédictin, le physicien dom Pech. On coupa les cordes, mais le ballon ne s'éleva pas au-delà de cinq mètres; il s'était troué pendant les manœuvres, et le poids qu'il devait entraîner était trop lourd pour son volume. Il tomba rudement par terre, et la nacelle éprouva un choc des plus violents. Le bon père jugea prudent de quitter la place ; Blanchard répara promptement le dommage, et il s'apprêtait à repartir seul, lorsqu'un jeune homme perce la foule, se jette dans la nacelle, et veut absolument partir avec lui. Toutes les remontrances, toutes les prières de Blanchard furent inutiles. — Le roi me l'a permis, criait l'obstiné. Blanchard, ennuyé du contre-temps, le saisit au corps pour le précipiter de la nacelle ; mais le jeune homme tire son épée, fond sur lui et le blesse au poignet. On se saisit enfin de ce furieux, et Blanchard peut s'élancer. On a prétendu que ce jeune homme n'était, autre que Bonaparte, alors élève à l'École militaire. Dans ses *Mémoires*, Napoléon a pris la peine de démentir ce fait : le jeune enthousiaste était un de ses camarades, nommé Dupont, élève, comme lui, à l'École militaire.

Blanchard s'éleva au-dessus de Passy, et vint descendre dans la plaine de Billancourt, près de la manufacture de Sèvres ; il ne resta que cinq quarts d'heure dans l'air. Cette ascension, si courte, n'en fut pas moins marquée par une circonstance curieuse. Tout le monde sait aujourd'hui qu'un aérostat ne doit jamais être entièrement gonflé au moment du départ : on le remplit seulement aux trois quarts environ. Il serait très dangereux, en quittant la terre, de l'enfler complètement, car, à mesure que l'on s'élève, les couches atmosphériques diminuant de densité, le gaz hydrogène renfermé dans l'aérostat acquiert plus d'expansion en raison de la diminution de résistance de l'air extérieur. Les parois du ballon céderaient sous l'effort du gaz, si on ne lui ouvrait pas une issue ; aussi l'aéronaute observe-t-il avec beaucoup d'attention l'état de l'aérostat, et, lorsque ses parois très distendues indiquent une grande expansion du gaz intérieur, il ouvre la soupape et laisse échapper un peu d'hydrogène. Blanchard, tout-à-fait dépourvu de connaissances en physique, ignorait entièrement cette particularité. Son ballon s'éleva gonflé outre-mesure, et l'imprudent aéronaute, ne comprenant nullement le péril qui le menaçait, s'applaudissait de son adresse et admirait ce qui pouvait causer sa perte. Les parois du ballon font bientôt effort de toutes parts, elles vont éclater : Blanchard, arrivé à une hauteur considérable, cède moins à la conscience du danger qui le menace qu'à l'impression d'épouvante causée sur lui par l'immensité des mornes et silencieuses régions au milieu desquelles l'aérostat l'a brusquement transporté. Il ouvre la soupape, il redescend, et cette terreur salutaire l'arrache au péril où son ignorance l'entraînait. Blanchard se vanta de s'être élevé quatre mille mètres plus haut qu'aucun des aéronautes qui l'avaient précédé, et il assura avoir dirigé son ballon contre les vents à l'aide de son gouvernail et de ses rames ; mais les physiciens qui avaient observé l'aérostat démentirent son assertion, et publièrent que les variations de sa marche devaient être uniquement attribuées aux courants d'air qu'il avait rencontrés. Comme il avait écrit sur les banderoles de son ballon et sur les cartes d'entrée cette devise fastueuse : *Sic itur ad astra*, on lança contre lui cette épigramme :

Au Champ-de-Mars il s'envola,
Au champ voisin il resta là ;
Beaucoup d'argent il ramassa :
Messieurs, *sic itur ad astra*

Le 4 juin 1784, la ville de Lyon vit s'accomplir une nouvelle ascension aérostatique, dans laquelle, pour la première fois, une femme, Mme Thible, brava dans un ballon à feu les périls d'un voyage aérien. Cette belle ascension fut exécutée en l'honneur du roi de Suède, qui se trouvait alors de passage à Lyon.

Pilâtre des Rosiers et le chimiste Proust exécutèrent bientôt après à Versailles, en présence de Louis XVI et du roi de Suède, un des voyages aérostatiques les plus remarquables que l'on connaisse. L'appareil était dressé dans la cour du château de Versailles. À un signal qui fut donné par une décharge de mousqueterie, une tente de quatre-vingt-dix pieds de hauteur, qui cachait l'appareil, s'abattit soudainement, et l'on aperçut une immense montgolfière, déjà gonflée par l'action du feu, maintenue par cent cinquante cordes que retenaient quatre cents ouvriers. Dix minutes après, une seconde décharge annonça le départ du ballon, qui s'éleva avec une lenteur majestueuse et alla descendre près de Chantilly, à treize lieues de son point de départ. Proust et Pilâtre des Rosiers parcoururent dans ce voyage la plus grande distance que l'on eût jamais franchie avec une montgolfière ; ils atteignirent aussi la hauteur la plus grande à laquelle on puisse s'élever avec un appareil de ce genre. Ils demeurèrent assez longtemps plongés dans les nuages et enveloppés dans la neige qui se formait autour d'eux.

Le zèle des aéronautes et des savants ne se ralentissait pas.

Chaque jour, pour ainsi dire, était marqué par une expérience qui présentait souvent les circonstances les plus curieuses et les plus dignes d'intérêt. Parmi ces expériences, il faut noter surtout les nombreuses ascensions faites avec l'aérostat à gaz inflammable construit par les soins de l'académie de Dijon, et monté à diverses reprises par Guyton de Morveau, l'abbé Bertrand et M. de Virly. La science naissante de l'aérostation dut à ces essais plusieurs résultats utiles. Quant au but principal que se proposait Guyton de Morveau, il ne fut pas atteint. Guyton avait fait construire une machine pourvue de quatre rames, mises en mouvement par un mécanisme et destinées à diriger son aérostat. Au moment du départ, un coup de vent endommagea l'appareil et mit deux rames hors de service. Guyton assura cependant avoir produit avec les deux rames qui lui restaient un effet très sensible sur les mouvements du ballon : aussi continua-t-on ces expériences pendant assez longtemps, et l'académie de Dijon y dépensa beaucoup d'argent, mais on ne tarda pas à reconnaître qu'on s'attaquait à un problème insoluble.

En même temps, sur tous les points de la France, se succédaient des ascensions plus ou moins périlleuses. À Marseille, deux négociants nommés Brémond et Taret s'élevèrent dans une montgolfière de seize mètres de diamètre. À leur première ascension, ils ne restèrent en l'air que quelques minutes : ils s'élevèrent très haut à leur second voyage ; mais la machine s'embrasa au milieu des airs, et ils ne regagnèrent la terre qu'au prix des plus grands dangers. Joseph Montgolfier lança dans le faubourg Saint-Antoine un ballon captif qui dépassa la hauteur des édifices les plus élevés de Paris. La marquise et la comtesse de Montalembert, la comtesse Podenas et Mlle de Lagarde étaient les aéronautes de ce galant équipage, que commandait le marquis de Montalembert. À Aix, un amateur nommé, Rambaud s'enleva dans une montgolfière de seize mètres de diamètre. Il resta dix-sept minutes en l'air, et atteignit une hauteur considérable. Redescendu à terre, il sauta hors du ballon sans songer à le retenir. Allégé de ce poids, le ballon partit comme une flèche, et on le vit bientôt prendre feu et se consumer dans l'atmosphère. Vinrent ensuite, à Nantes, les ascensions du grand ballon à gaz hydrogène baptisé du glorieux nom de *Suffren*, monté d'abord par Coustard de Massy et le révérend père Mouchet de l'Oratoire, puis par M. de Luynes. À Bordeaux, d'Arbelet des

Granges el, Chalfour s'élevèrent dans une montgolfière jusqu'à la hauteur de près de mille mètres, et firent voir que l'on pouvait assez facilement descendre et monter à volonté en augmentant ou diminuant le feu. Ils descendirent sans accident à une lieue de leur point de départ.

Le 15 juillet 1784, le duc de Chartres, depuis Philippe-Égalité, exécuta à Saint-Cloud, avec les frères Robert, une ascension qui mit à de terribles épreuves le courage des aéronautes. Les frères Robert avaient construit un aérostat à gaz hydrogène de forme oblongue, de dix-huit mètres de hauteur et de douze mètres de diamètre. On avait disposé dans l'intérieur de ce grand ballon un autre globe beaucoup plus petit et rempli d'air ordinaire. Les frères Robert avaient cru, nous ne savons trop sur quel fondement, que cette combinaison leur permettrait de descendre ou de remonter dans l'atmosphère sans avoir besoin de perdre du gaz. On avait aussi adapté à la nacelle un large gouvernail et deux rames dans l'intention de se diriger. À huit heures du matin, les deux frères Robert, M. Collin Hullin et le duc de Chartres s'élevèrent du parc de Saint-Cloud en présence d'un grand nombre de curieux. Les personnes éloignées firent connaître par de grands cris qu'elles désiraient que celles qui étaient placées plus près du lieu de la scène se missent à genoux pour laisser à chacun la liberté du coup d'œil ; d'un mouvement unanime, chacun mit un genou à terre, et l'aérostat s'éleva au milieu de la multitude ainsi prosternée. Trois minutes après le départ, l'aérostat disparaissait dans les nues ; les voyageurs perdirent de vue la terre et se trouvèrent environnés d'épais nuages. La machine, obéissant alors aux vents impétueux et contraires qui régnaient à cette hauteur, tourbillonna et tourna trois fois sur elle-même. Le vent agissait avec violence sur la surface étendue que présentait le gouvernail doublé de taffetas ; le ballon éprouvait une agitation extraordinaire et recevait des coups violents et répétés. Rien ne peut rendre la scène effrayante qui suivit ces premières bourrasques. Les nuages se précipitaient les uns sur les autres, ils s'amoncelaient au-dessous des voyageurs et semblaient vouloir leur fermer le retour vers la terre. Dans une telle situation, il était impossible de songer à tirer parti de l'appareil de direction. Les aéronautes arrachèrent le gouvernail et jetèrent les rames. La machine continuant d'éprouver des oscillations de plus en plus violentes, ils résolurent, pour l'alléger, de se débarrasser du petit globe contenu dans l'intérieur de l'aérostat. On coupa les cordes qui le retenaient ; le petit globe tomba, mais il fut impossible de le tirer au dehors. Il était tombé si malheureusement, qu'il était venu s'appliquer juste sur l'orifice de l'aérostat, dont il fermait complètement l'ouverture. Dans ce moment, un coup de vent parti de la terre les lança vers les régions supérieures, les nuages furent dépassés, et l'on aperçut le soleil ; mais la chaleur de ses rayons et la raréfaction considérable de l'air dans ces régions élevées ne tardèrent pas à occasionner une grande dilatation du gaz. Les parois du ballon étaient fortement tendues ; son ouverture inférieure, si malheureusement fermée par l'interposition du petit globe, empêchait le gaz dilaté de trouver, comme à l'ordinaire, une libre issue par l'orifice inférieur. Les parois étaient gonflées au point d'éclater sous la pression intérieure du gaz. Les aéronautes, debout dans la nacelle, prirent de longs bâtons et essayèrent de soulever le globe qui obstruait l'orifice de l'aérostat ; mais l'extrême dilatation du gaz le tenait si fortement appliqué, qu'aucune force ne put vaincre cette résistance. Pendant ce temps ils continuaient de monter, et le baromètre indiquait que l'on était parvenu à la hauteur de quatre mille huit cents mètres. Dans ce moment critique, le duc de Chartres prit un parti désespéré : il saisit un des drapeaux qui ornaient la nacelle, et avec le bois de la lance il troua en deux endroits l'étoffe du ballon ; il se fit une ouverture de deux ou trois mètres ; le ballon descendit aussitôt avec une vitesse effrayante, et la terre reparut aux yeux des voyageurs épouvantés. Heureusement, quand on arriva dans une atmosphère plus dense, la rapidité de la chute se ralentit et finit par devenir très modérée. Les aéronautes commençaient à se rassurer lorsqu'ils reconnurent qu'ils étaient près de tomber au milieu d'un étang ; ils jetèrent à l'instant soixante livres de lest, et à l'aide de quelques manœuvres ils réussirent à aborder sur la terre, à quelque distance de l'étang de la Garenne dans le parc de Meudon. Toute cette expédition avait duré à peine quelques minutes. Le petit globe rempli d'air était sorti à travers l'ouverture de l'aérostat, il tomba dans l'étang, il fallut le retirer avec des cordes [7].

L'Angleterre n'avait pas encore eu le spectacle d'une ascension aérostatique. Le 14 septembre 1784, un Italien, Vincent Lunardi, fit à Londres le premier voyage aérien qui ait eu lieu au-delà de la Manche, son exemple fut bientôt suivi avec empressement à Oxford par un Anglais devenu célèbre depuis comme aéronaute, M. Sadler. M. Sheldon, membre distingué de la Société royale de Londres, fit, de son côté, une ascension en compagnie de Blanchard.

Enhardi par le succès de ses premiers voyages, l'aéronaute français conçut alors un projet dont l'audace, à cette époque de tâtonnements pour la science aérostatique, pouvait à bon droit être taxée de folie ; il voulut franchir en ballon la distance qui sépare l'Angleterre de la France cette traversée miraculeuse, où l'aéronaute pouvait trouver mille fois la mort, ne réussit que par le plus étrange des hasards et par ce seul fait, que le vent fut sans variations sensibles pendant trois heures. Blanchard, plein de confiance dans un appareil de direction qu'il avait imaginé, avait annoncé sa prochaine *traversée* dans les journaux anglais, et un Américain, le docteur Jeffries, s'était offert pour l'accompagner. Le 7 janvier 1785, le ciel était serein ; le vent, très faible, soufflait de nord-nord-ouest ; Blanchard, accompagné du docteur Jeffries, sortit du château de Douvres et se dirigea vers la côte. Le ballon fut rempli de gaz, et on le plaça à quelques pieds du bord d'un rocher escarpé, d'où l'on aperçoit le précipice décrit par Shakespeare dans *le Roi Lear*. À une heure, le ballon fut abandonné à lui-même ; mais, le poids se trouvant un peu lourd, on fut obligé de jeter une quantité considérable de lest, et les voyageurs partirent munis seulement de trente livres de sable. Le ballon s'éleva lentement et s'avança vers la mer, poussé par un vent léger. Les voyageurs eurent alors sous les yeux un spectacle que l'un d'eux a décrit avec enthousiasme. D'un côté, les belles campagnes qui s'étendent derrière la ville de Douvres présentaient un spectacle magnifique ; l'œil embrassait un horizon si étendu, que l'on pouvait apercevoir et compter à la fois trente-sept villes ou villages ; de l'autre côté, les roches escarpées qui bordent le rivage, et contre lesquelles la mer vient se briser, offraient par leurs anfractuosités et leurs dentelures énormes le plus curieux et le plus formidable aspect. Arrivés en pleine mer, ils passèrent au-dessus de plusieurs vaisseaux. Cependant, à mesure qu'ils avançaient, le ballon se dégonflait un peu, et à une heure et demie il descendait visiblement. Pour se relever, ils jetèrent la moitié de leur lest ; ils étaient alors au tiers de la distance à parcourir et ne distinguaient plus le château de Douvres : le ballon continuant de descendre, ils furent contraints de jeter tout le reste de leur provision de sable, et, cet allégement n'ayant pas suffi, ils se débarrassèrent de quelques livres qu'ils avaient emportés. Le ballon se releva et continua de cingler vers la France ; ils étaient alors à la moitié du terme de leur périlleux voyage. À deux heures et quart, l'ascension du mercure dans le baromètre leur annonça que le ballon recommençait à descendre : ils jetèrent quelques outils et différents objets dont ils avaient cru devoir se munir. À deux heures et demie, ils étaient parvenus aux trois quarts environ du chemin, et ils commencèrent à apercevoir la perspective ardemment désirée des côtes de la France. En ce moment, la partie inférieure du ballon se dégonfla par la perte du gaz, et les aéronautes reconnurent avec effroi que la machine descendait assez rapidement. Tremblant à la pensée de ne pouvoir atteindre la côte, ils se hâtèrent de se débarrasser de tout ce qui n'était pas indispensable à leur salut ; ils jetèrent leurs provisions de bouche ; le gouvernail et les rames, surcharge inutile, furent lancés dans l'espace ; les ancres et les cordages prirent le même chemin ; ils dépouillèrent leurs vêtements et les jetèrent à la mer. En dépit de tout, le ballon descendait toujours. On dit que, dans ce moment suprême, le docteur Jeffries offrit à son compagnon de se jeter à la mer. — Nous sommes perdus tous les deux, dit-il ; si vous croyez que ce moyen puisse vous sauver, je suis prêt à faire le sacrifice de ma vie. — Néanmoins une dernière ressource leur restait encore : ils pouvaient se débarrasser de leur nacelle et se cramponner aux cordages du ballon. Ils se disposaient à essayer de cette dernière et terrible ressource ; ils se tenaient tons les deux suspendus aux cordages du filet, tout prêts à couper les liens qui retenaient la nacelle, lorsqu'ils crurent sentir dans la machine un mouvement d'ascension : le ballon remontait en effet. Il continua de s'élever, reprit sa route, et, le vent étant toujours favorable, ils furent poussés rapidement vers la côte. Leurs terreurs furent vite oubliées, car ils apercevaient distinctement Calais et les nombreux villages qui l'environnent. À trois heures, ils passèrent par-dessus la ville, et vinrent s'abattre dans la forêt de vaines. Le ballon se reposa sur un grand chêne ; le docteur Jeffries saisit une branche, et sa marche fut arrêtée : on ouvrit la soupape, le gaz s'échappa, et c'est ainsi que les heureux aéronautes sortirent sains et saufs de l'entreprise la plus extraordinaire peut-être que la témérité de l'homme ait jamais osé tenter. Le lendemain, cet événement fut célébré à Calais par une fête magnifique. Le pavillon français fut hissé devant la maison où ils avaient couché. Le corps municipal et les officiers de la garnison vinrent leur rendre visite. À la suite d'un dîner qu'on leur donna à l'hôtel-de-ville, le maire présenta à Blanchard, dans une boîte d'or, des lettres qui lui accordaient le titre de citoyen de la ville de Calais, titre qu'il a toujours conservé depuis. La municipalité lui acheta, moyennant 3,000 francs et une pension de 600 francs, le ballon qui avait servi à ce voyage, et qui fut déposé dans la principale église de Calais. On décida enfin qu'une colonne de marbre serait élevée à l'endroit même où les aéronautes étaient descendus. Quelques jours après, Blanchard parut devant Louis XVI, qui lui accorda une gratification de 1,200 liv. et une pension de la même somme. La reine, qui était au jeu, mit pour Blanchard sur une carte et lui fit compter une forte somme qu'elle venait de gagner. En un mot, rien ne manqua à son triomphe, pas même la jalousie des envieux, qui lui donnèrent à cette occasion le surnom de *don Quichotte de la Manche*.

Le succès éclatant de cette audacieuse entreprise, le retentissement immense qu'elle eut en Angleterre et en France, doivent compter parmi les causes d'un des plus tristes événements qui aient marqué l'histoire des aéronautes. Pilâtre des Rosiers, emporté par un funeste élan d'émulation, fit annoncer aussitôt qu'à son tour il franchirait la mer, de Boulogne à Londres, traversée plus périlleuse encore que celle qu'avait exécutée Blanchard, en raison du peu de largeur des côtes d'Angleterre, qu'il était facile de dépasser. On essaya inutilement de faire comprendre à Pilâtre tous les dangers auxquels cette entreprise allait l'exposer. Il assurait avoir trouvé une nouvelle disposition des aérostats qui réunissait toutes les conditions de sécurité et permettait de se maintenir dans les airs pendant un temps considérable. Sur cette assurance, le gouvernement lui accorda une somme de 40,000 francs pour construire sa machine. On apprit alors quelle était la combinaison qu'il avait imaginée : il réunissait en un système unique les deux moyens dont on avait fait usage jusque-là ; au-dessous d'un aérostat à gaz hydrogène, il suspendait une montgolfière. Il est assez difficile de bien apprécier les motifs qui le portèrent à adopter cette disposition, car il faisait sur ce point un certain mystère de ses idées. Il est probable que, par l'addition d'une montgolfière, il voulait s'affranchir de la nécessité de jeter du lest pour s'élever et de perdre du gaz pour descendre : le feu, activé ou ralenti dans la montgolfière, aurait fourni une force ascensionnelle supplémentaire. Quel qu'il en soit, ces deux systèmes, qui isolés ont chacun ses avantages, formaient réunis la plus vicieuse et la plus détestable des combinaisons. Il n'était que trop aisé de comprendre à quels dangers terribles l'existence d'un foyer dans le voisinage d'un gaz inflammable comme l'hydrogène exposait l'aéronaute. — Vous mettez un réchaud sous un baril de poudre, — disait Charles à Pilâtre des Rosiers ; mais celui-ci n'écoutait rien : il n'écoutai que son intrépidité et l'incroyable exaltation scientifique dont il avait déjà donné tant d'exemples, et qui étaient comme le caractère de son génie.

L'existence de cet homme courageux peut être regardée comme un exemple de cette fièvre d'aventures et d'expériences que le progrès des sciences physiques avait développée dans certaines natures à la fin du dernier siècle. Pilâtre des Rosiers était né à Metz en 1756. On l'avait d'abord destiné à la chirurgie, mais cette profession lui inspira une grande répugnance ; il passa des salles de l'hôpital dans le laboratoire d'un pharmacien, où il reçut les premières notions des sciences physiques. Revenu dans sa famille, il ne put supporter la contrainte excessive dans laquelle son père le retenait, et il s'en alla un beau jour, en compagnie d'un de ses camarades, chercher fortune à Paris. Employé d'abord comme manipulateur dans une pharmacie, il fut remarqué dans cette position inférieure par un médecin qui l'en fit sortir. Grace à son protecteur, il put suivre les leçons des professeurs les plus célèbres de la capitale, et bientôt il se trouva lui-même en état de faire des cours. Il démontra publiquement les faits découverts par Franklin dans le champ si nouveau des phénomènes électriques. Il acquit par là un certain relief dans le monde scientifique, et put bientôt réunir assez de ressources pour monter un beau laboratoire de physique où les savants trouvaient tous les appareils nécessaires à leurs expériences et à leurs travaux. Il obtint enfin la place d'intendant du cabinet d'histoire naturelle du comte de Provence. Pilâtre des Rosiers put dès-lors donner carrière à son goût pour les expériences et à cette passion singulière qui le caractérisait de faire sur lui-même les essais les plus dangereux. On cite de lui les traits les plus surprenants en ce genre. Rien ne pouvait l'arrêter ou l'effrayer. Dans ses expériences sur l'électricité atmosphérique, il s'est exposé cent fois à être foudroyé par le fluide électrique, qu'il soutirait presque sans aucune précaution des nuages orageux. Il faillit souvent perdre la vie en respirant les gaz les plus délétères. Un jour, il remplit sa bouche de gaz hydrogène et il y mit le feu, ce qui lui fit sauter les deux joues. Il était dans toute l'exaltation de cette espèce de furie scientifique, lorsque survint la découverte des aérostats. On a vu avec quelle ardeur il se précipita dans cette carrière nouvelle, qui répondait si bien à tous les instincts de son esprit. Il eut, comme on le sait, la gloire de s'élever le premier dans les airs, et, dans toute la série des expériences qui suivirent, c'est toujours lui que l'on voit au premier rang, fidèle à l'appel du danger. C'est au milieu des transports d'un véritable délire qu'il se livrait, à Boulogne, aux préparatifs du voyage qu'il avait annoncé. Il fut aidé dans la construction et la disposition de son aéro-montgolfière par un physicien de Boulogne nommé Romain. Un gentilhomme du pays, M. de Maisonfort, devait accompagner Pilâtre ; mais Romain exigea, comme récompense de ses soins, de partager la gloire de l'entreprise : M. de Maisonfort fut forcé de lui céder la place.

Pilâtre et Romain partirent le 13 juin 1785, à sept heures du matin. Les causes de la catastrophe qui leur coûta la vie ne nous sont connues que par les conjectures de M. de Maisonfort, qui, resté à terre, fut témoin de l'événement. La double machine, c'est-à-dire la montgolfière surmontée de l'aérostat à gaz hydrogène, s'éleva avec une assez grande rapidité jusqu'à quatre cents mètres environ ; mais, parvenu à cette hauteur, on vit tout d'un coup l'aérostat à gaz hydrogène se dégonfler et retomber presque aussitôt sur la montgolfière. Celle-ci tourna deux ou trois fois sur elle-même, puis, entraînée par ce poids, elle s'abattit avec une rapidité effrayante. Voici, selon M. de Maisonfort, ce qui était arrivé. Les voyageurs, parvenus à la hauteur de quatre cents mètres, furent assaillis par des vents contraires, qui les rejetaient loin de la mer dans l'intérieur des terres ; il est probable alors que, pour descendre et pour chercher un courant d'air plus favorable qui les ramenât vers la côte, Pilâtre des Rosiers tira la soupape de l'aérostat à gaz hydrogène ; mais la corde attachée à cette soupape était très longue ; elle allait de la nacelle placée au-dessous de la montgolfière jusqu'au sommet de l'aérostat, et n'avait pas moins de cent pieds. Aussi jouait-elle difficilement, et le frottement très rude qu'elle occasionna déchira la soupape. L'étoffe du ballon était très fatiguée par le grand nombre d'essais préliminaires que l'on avait faits à Boulogne et par plusieurs tentatives de départ ; elle se déchira sur une étendue de plusieurs mètres, la soupape retomba dans l'intérieur du ballon, et celui-ci se trouva vide en quelques instants. Il n'y eut donc pas, comme on l'a dit, inflammation du gaz au milieu de l'atmosphère ; on reconnut, après la chute, que le réchaud de la montgolfière n'avait pas été allumé. L'aérostat, dégonflé par la perte du gaz ; retomba sur la montgolfière, et le poids de cette masse l'entraîna aussitôt vers la terre. M. de Maisonfort courut vers l'endroit où l'aérostat venait de s'abattre ; il trouva les deux malheureux voyageurs enveloppés dans les toiles, et dans la position même qu'ils occupaient au moment du départ. Pilâtre était sans vie ; son compagnon expira au bout de quelques minutes. Ils n'avaient pas même dépassé le rivage et étaient tombés près du bourg de Vimille. Par une triste ironie du hasard, ils vinrent expirer à l'endroit même où Blanchard était descendu, non loin de la colonne monumentale élevée à sa gloire.

La mort de ces premiers martyrs de la science aérostatique n'arrêta pas l'élan de leurs émules et de leurs successeurs. Dans l'année 1785, on vit, suivant l'expression d'un savant aéronaute qui a écrit le *Manuel* de son art, M. Dupuis-Delcourt, « le ciel de l'Europe se couvrir littéralement de ballons. » Toutes ces ascensions, qui n'ont plus pour elles l'attrait de la nouveauté et qui ne répondent à aucune intention scientifique, n'offrent pour la plupart qu'un faible intérêt. Toutefois, avant de suivre les aérostats dans une nouvelle période plus sérieuse de leur histoire, celle des applications scientifiques, nous rappellerons quelques-uns des voyages aériens qui ont eu, de 1 785 à 1794, le plus brillant suces de curiosité. L'ascension du docteur Potain mérite d'être citée à ce titre. Il traversa en ballon le canal Saint-George, bras de mer qui sépare l'Angleterre de l'Irlande. Il avait perfectionné la machine heliçoïde de Blanchard et s'en servit avec quelque avantage. L'Italien Lunardi exécuta à Edimbourg, différentes ascensions.

Harper fit connaître à Birmingham les ballons à gaz hydrogène. En France, l'abbé Miolan éprouva au Luxembourg cet immense déboire tant chansonné par la malignité parisienne [8]. MM. Alban et Vallet construisirent à Javelle un vaste aérostat avec lequel le comte d'Artois s'éleva plusieurs fois, en compagnie de personnes de tous les rangs. C'est alors que se répandit à Paris la mode des figures aérostatiques ; dans les jardins publics, on vit s'élever, à la grande joie des spectateurs, des aérostats offrant la figure de divers personnages, le *Vendangeur*, une *Nymphe*, un *Pégase*, etc. Blanchard parcourait tous les coins de la France, donnant le spectacle de ses innombrables ascensions. Après avoir épuisé les curiosités de son pays, il alla porter en Amérique ce genre de spectacle, encore inconnu des populations du Nouveau-Monde. Il s'éleva à Philadelphie sous les yeux de Franklin. Son rival, Testu-Brissy, marcha sur ses traces. Sa première ascension, faite à Paris en 1785, présenta une circonstance assez curieuse. Ii était descendu avec son ballon, armé d'ailes et de rames, dans la plaine de Montmorency. Un grand nombre de curieux, qui étaient accourus l'empêchèrent de repartir et saisirent le ballon par les cordes, qui descendaient à terre. Le propriétaire du champ où l'aérostat était tombé arriva avec d'autres paysans ; il voulut lui faire payer le dégât, et on traîna son ballon par les cordes qui fixaient la nacelle. « Ne pouvant leur résister de force, je résolus, dit Testu-Brissy, de leur échapper par adresse. Je leur proposai de me conduire partout où ils voudraient, en me remorquant avec une corde. L'abandon que je fis de mes ailes brisées et devenues inutiles persuada que je ne pouvais plus m'envoler ; vingt personnes se lièrent à cette corde en la passant autour de leur corps ; le ballon s'éleva d'une vingtaine de pieds, et j'étais ainsi traîné vers le village. Ce fut alors que je pesai mon lest, et, après voir reconnu que j'avais encore beaucoup de légèreté spécifique, je coupai la corde et je pris congé de mes villageois, dont les exclamations d'étonnement me divertirent beaucoup, lorsque la corde par laquelle ils croyaient me retenir leur tomba sur le nez. » C'est le même Testu-Brissy qui exécuta plus tard une ascension équestre. Il s'éleva monté sur un cheval qu'aucun lien ne retenait au plateau de la nacelle. Dans cette curieuse ascension, Testu-Brissy put se convaincre que le sang des grands animaux s'extravase par leurs artères et coule par les narines et par les oreilles à une hauteur à laquelle l'homme n'est nullement incommodé [9].

Les débuts de l'art aérostatique indiquaient déjà, on le voit, quels services l'invention nouvelle pouvait rendre à la science. On pouvait déjà prévoir la période nouvelle, la période d'applications qui allait s'ouvrir pour la locomotion aérienne.

Section III

Jusqu'en 1794, les ascensions aérostatiques n'avaient guère encore servi qu'à satisfaire la curiosité publique. À cette époque, le gouvernement voulut en tirer un moyen de défense en les appliquant dans les armées aux reconnaissances extérieures. Cette idée si nouvelle d'établir au sein de l'atmosphère des postes d'observation pour découvrir les dispositions et les ressources de l'ennemi étonna beaucoup l'Europe, qui ne manqua pas d'y voir une révélation nouvelle du génie révolutionnaire de la France. L'aérostation militaire reçut sous la république des développements assez étendus ; mais Napoléon ne donna pas suite à ces premiers essais. L'histoire est loin d'avoir conservé le souvenir de tous les résultats remarquables obtenus dans l'industrie et les arts pendant la période de la révolution française. Les événements politiques ont absorbé l'attention, et remplissent seuls nos annales ; tout ce qui concerne les progrès des sciences et de l'industrie à cette époque a été singulièrement négligé. Aussi les documents relatifs à l'aérostation militaire sont-ils peu nombreux. On peut cependant s'aider de ces renseignements trop rares pour préciser quelques faits qu'il y aurait injustice à laisser dans l'oubli.

Guyton de Morveau avait fait un grand nombre d'ascensions avec l'aérostat de l'académie de Dijon, et ces expériences lui avaient fait concevoir une idée très brillante de l'avenir réservé à l'emploi des ballons. Il faisait partie avec Monge, Berthollet, Fourcroy et quelques autres savants, d'une commission que le comité de salut public avait instituée pour appliquer aux intérêts de l'état les découvertes récentes de la science ; il proposa à cette commission d'employer les aérostats comme moyen d'observation dans les armées. La proposition fut accueillie et soumise au comité de salut public, qui l'accepta avec la seule réserve de ne pas se servir d'acide sulfurique pour la préparation du gaz hydrogène, l'acide sulfurique s'obtenant, comme on le sait, par la combustion du soufre, et le soufre, nécessaire à la fabrication de la poudre, étant à cette époque très rare et très recherché en France, en raison de la guerre extérieure. Il fut donc convenu que l'hydrogène serait préparé par la décomposition de l'eau au moyen du fer porté au rouge. On sait que, quand on dirige un courant de vapeur d'eau sur des fragments de fer incandescents, l'eau se décompose ; son oxygène se combine avec le fer pour former de l'oxyde de fer, et son hydrogène se dégage à l'état de gaz. Cette expérience, exécutée pour la première fois par Lavoisier, n'avait été faite encore que sur une très petite échelle : il fallait s'assurer si l'on pourrait la pratiquer avec avantage dans de grands appareils, et si l'on pourrait appliquer ce procédé au service régulier des aérostats. Guyton de Morveau avait pour ami un jeune homme nommé Coutelle, qui s'occupait de travaux scientifiques, et qui avait formé un beau cabinet, où se trouvaient réunis tous les appareils nécessaires aux expériences sur les gaz, sur la lumière et sur l'électricité. Les chimistes et les physiciens de Paris venaient souvent faire leurs expériences dans ce laboratoire. Coutelle était donc connu de tous les savants de la capitale comme physicien très exercé, et Guyton de Morveau proposa à la commission de le charger des premiers essais à faire pour la production de l'hydrogène en grand à l'aide de la décomposition de l'eau. Coutelle fut installé aux Tuileries dans la salle des Maréchaux ; on lui donna un aérostat de neuf mètres de diamètre, et l'on mit à sa disposition tous les produits et tous les matériaux nécessaires. Voici comment il procéda à la préparation du gaz : il établit un grand fourneau dans lequel il plaça un tuyau de fonte d'un mètre de longueur et de quatre décimètres de diamètre, qu'il remplit de cinquante kilogrammes de rognures de tôle et de copeaux de fer. Ce tuyau était terminé à chacune de ses extrémités par un tube de fer ; l'un de ces tubes servait à amener le courant de vapeur d'eau qui se décomposait au contact du métal, l'autre conduisait dans le ballon le gaz hydrogène résultant de cette décomposition. Quand tout fut prêt, Coutelle fit venir, pour être témoins de l'opération, le professeur Charles et Jacques Conté, physicien de ses amis. En raison de divers accidents, l'opération fut très longue, elle dura quatre jours et trois nuits. Cependant elle réussit très bien en définitive, car on retira cent soixante-dix mètres cubes de gaz. La commission fut satisfaite de ce résultat, et dès le lendemain Coutelle recul l'ordre de partir pour la Belgique, et d'aller soumettre au général Jourdan la proposition d'appliquer les aérostats au service de son armée.

Le général Jourdan venait de prendre le commandement des deux armées de la Moselle et de la Sambre, fortes de cent mille hommes, et qui, sous le nom d'armée de *Sambre-et-Meuse*, envahissaient la Belgique. Coutelle partit dans l'intention de rejoindre le général à Maubeuge, occupée en ce moment par nos troupes et bloquée par les Autrichiens. Lorsqu'il arriva à Maubeuge, l'armée venait de quitter ses quartiers ; elle était à six lieues de là, au village de Beaumont. Coutelle repartit, il fit six lieues à franc étrier, et arriva à Beaumont couvert de boue. Il fut arrêté aux avant-postes et amené devant le représentant Duquesnoy, commissaire de la convention à l'armée du nord. Duquesnoy était l'ami et le rival de Joseph Lebon, et il exerçait à l'armée du nord cet étrange office des commissaires de la convention qui consistait à mener les soldats au feu et à forcer les généraux de vaincre sous la menace de la guillotine. Lorsque Coutelle lui fut amené, Duquesnoy était à table. Il ne comprit rien à l'ordre du comité de salut public. — Un ballon, dit-il, un ballon dans le camp… Vous m'avez tout l'air d'un suspect, je vais commencer par vous faire fusiller. On réussit cependant à faire entendre raison au terrible commissaire, et Duquesnoy renvoya Coutelle au général Jourdan. Celui-ci accueillit avec empressement l'idée de faire servir les aérostats aux reconnaissances militaires ; mais l'ennemi était à une lieue de Beaumont : d'un moment à l'autre, il pouvait attaquer, et le temps ne permettait d'entreprendre aucun essai. Coutelle revint à Paris.

Assurée de l'assentiment du général, la commission décida de continuer et d'étendre les expériences. On adjoignit à Coutelle le physicien Conté pour l'aider dans ses travaux, et on les installa dans le château et les jardins de Meudon. Coutelle se procura un aérostat capable d'enlever deux personnes ; on construisit un nouveau fourneau dans lequel on plaça sept tuyaux de fonte : ces tuyaux, longs de trois mètres et de trois décimètres de diamètre, étaient remplis chacun, de deux cents kilogrammes de rognures de fer que l'on foulait à l'aide du mouton pour les faire pénétrer dans le tube. Le gaz fut ainsi obtenu facilement et en grande abondance. Tout étant disposé, on put se livrer aux expériences définitives de l'emploi des ballons dans les reconnaissances extérieures. Coutelle y procéda en présence de Guyton, de Monge et de Fourcroy. Il s'éleva à diverses reprises à une hauteur de cinq cent cinquante mètres dans le ballon retenu captif. Deux cordes étaient attachées à la circonférence du ballon ; dix hommes placés à terre les retenaient. On constata de cette manière que l'on pouvait embrasser un espace très étendu et reconnaître très nettement les objets, soit à la vue simple, soit à l'aide d'une lunette d'approche ; on étudia en même temps les moyens de transmettre les avis aux personnes restées à terre. Tous ces essais eurent un résultat satisfaisant. On reconnut toutefois que, par les grands vents, il serait difficile de se livrer à des observations de ce genre à cause des violentes oscillations et du balancement continuel que le vent imprime à la machine. Une seconde difficulté plus grave encore, c'était de maintenir le ballon en équilibre à la même hauteur ; des rafales de vent, parties des régions supérieures, le rabattaient souvent vers la terre. Aucun moyen efficace ne put être opposé à cette action fâcheuse, qui fut plus tard l'obstacle le plus sérieux à la pratique de l'aérostation militaire.

Peu de jours après, Coutelle reçut du gouvernement l'ordre d'organiser une compagnie d'*aérostiers*, composée de trente hommes, y compris le capitaine, un lieutenant, un sous-lieutenant et des sous-officiers. On lui remit le brevet de capitaine commandant des *aérostiers* dans l'arme de l'artillerie, et il fut attaché à l'état-major général. Il reçut en même temps l'ordre de se rendre dans le plus bref délai à Maubeuge, où l'armée venait de rentrer. Il dirigea sur cette place les soldats qui devaient former sa compagnie, et partit aussitôt, emmenant avec lui son lieutenant. Arrivé à Maubeuge, son premier soin fut de chercher un emplacement, de construire son fourneau pour la préparation du gaz, de faire les provisions de combustible nécessaire, et de tout disposer en attendant l'arrivée de l'aérostat et des équipages qu'il avait expédiés de Meudon. Les différents corps de l'armée ne savaient trop de quel œil regarder les soldats de la compagnie de Coutelle, qui n'étaient pas encore portés sur l'état militaire, et dont le service ne leur était pas connu. On murmurait sur leur passage quelques propos désobligeants.

Coutelle s'aperçut de cette impression. Il alla trouver le général qui commandait à Maubeuge, et lui demanda d'emmener sa compagnie à la première attaque hors de la place. Une sortie était précisément ordonnée pour le lendemain contre les Autrichiens, retranchés à une portée de canon. La petite troupe de Coutelle fut employée à cette attaque. Deux hommes furent grièvement blessés ; le sous-lieutenant reçut une balle morte dans la poitrine. Ils rentrèrent dans la place au rang des soldats de l'armée.

Peu de jours après, les équipages étant arrivés, Coutelle put mettre le feu à son fourneau et procéder à la préparation du gaz. C'était un spectacle étrange que ces opérations chimiques exécutées à ciel ouvert, au milieu d'un camp, au sein d'une ville assiégée, dans un cercle de quatre-vingt mille soldats. Tout fut bientôt préparé, et l'on put se livrer à la reconnaissance des forces et des dispositions de l'ennemi. Alors, deux fois par jour, par l'ordre de Jourdan et quelquefois avec le général lui-même, Coutelle s'élevait pour observer les travaux des assiégeants, leurs positions, leurs mouvements et leurs forces. La manœuvre de l'aérostat s'exécutait en silence, et la correspondance avec les hommes qui retenaient les cordes se faisait au moyen de petits drapeaux blancs, rouges ou jaunes, de dix-huit pouces de largeur et de forme carrée ou triangulaire. Ces signaux servaient à indiquer aux conducteurs les mouvements à exécuter : *Monter, descendre, avancer, aller à droite,* etc. Quant aux conducteurs, ils correspondaient avec le capitaine posté en observation dans la nacelle en étendant sur le sol des drapeaux semblables de différentes couleurs. Ils avertissaient ainsi l'observateur d'avoir « à s'élever, à descendre, etc. » Enfin, pour transmettre au général en chef les notes résultant de ces observations, le commandant des *aérostiers* jetait sur le sol de petits sacs de sable surmontés d'une banderolle auxquels la note était attachée. On trouvait chaque jour des différences sensibles dans les forces des Autrichiens ou dans les travaux exécutés pendant la nuit. Le général en chef tirait un grand parti de ce moyen si nouveau d'observation. Cinq jours après le commencement de ses opérations, l'aérostat s'élevait à peine qu'une pièce de canon, embusquée dans un ravin, tira sur lui : le premier boulet passa par-dessus, le second passa si près que l'on crut le ballon percé, un troisième boulet passa au-dessous ; on tira encore deux coups sans plus de succès. Le signal de descendre fut donné et exécuté en quelques instants. Le lendemain, la pièce n'était plus en position.

Cependant le général Jourdan se préparait à investir Charleroi, il attachait une importance extrême à l'enlèvement de cette place, qui devait ouvrir la route de Bruxelles. Coutelle reçut à midi l'ordre de se porter avec son ballon à Charleroi, éloigné de douze lieues du point où il se trouvait, pour y faire diverses reconnaissances. Le temps ne permettait pas de vider le ballon pour le remplir de nouveau sous les murs de la ville ; Coutelle se décida à faire voyager son ballon tout gonflé. On employa la nuit à disposer vingt cordes autour de l'équateur du filet ; chacune de ces cordes était portée par un aérostier. On plaça dans la nacelle les deux grandes cordes d'ascension, une toile qui servait à serrer le ballon pendant la nuit, des piquets, des pioches et tout l'attirail des signaux ; le commandant lui-même s'était placé dans la nacelle, qui, suspendue par des cordes, était portée par d'autres aérostiers. On sortit de la place à la pointe du jour, et on passa sans être aperçu près des vedettes ennemies. On voyagea ainsi avec la cavalerie et les équipages de l'armée. Le ballon était maintenu en l'air à une petite hauteur par vingt aérostiers qui marchaient sur les bords de la route ; la cavalerie et les équipages militaires tenaient le milieu de la chaussée. On arriva à Charleroi au soleil couchant. Avant la fin du jour, Coutelle eut le temps de faire une première reconnaissance avec un officier supérieur. Le lendemain, il en fit une seconde dans la plaine de Jumet, et le jour suivant il resta pendant sept à huit heures en observation avec le général Morelot.

Les Autrichiens ayant marché sur Charleroi pour délivrer la place, une bataille décisive fut livrée, comme on le sait, sur les hauteurs de Fleurus. Les aérostats furent d'un grand secours pour le succès de cette belle journée, et le général Jourdan n'hésita pas à proclamer l'importance des services qu'il en avait retirés. C'est sur la fin de la bataille que l'aérostat s'éleva d'après l'ordre du général en chef ; il resta plusieurs heures en observation, transmettant sans relâche des notes sur le résultat des opérations de l'ennemi. Pendant la bataille, plusieurs coups de carabine furent tirés sur lui sans l'atteindre. Après cette action décisive, l'aérostat suivit les mouvements de l'armée, et il prit part aux divers engagements qui marquèrent la campagne de Belgique.

Après la prise de Bruxelles, Coutelle reçut l'ordre de revenir à Paris pour y organiser une seconde compagnie d'aérostiers. Cette compagnie, promptement levée, fut aussitôt dirigée sur l'armée du Rhin, où les reconnaissances eurent le même succès : elle était conduite par le capitaine L'Homond. Malheureusement, pendant cette campagne, les deux compagnies d'aérostiers fuirent à peu près détruites. Comme il faisait un jour une reconnaissance à Frankenthal, sur les bords du Rhin, Coutelle fut saisi tout d'un coup d'un frisson violent qui fut suivi d'une fièvre grave ; il donna aussitôt à son lieutenant le commandement de la compagnie. Le lieutenant passa le Rhin ; mais, dès le premier jour, ayant commis la faute de maintenir son ballon à une trop faible hauteur, il fut criblé de chevrotines par un parti d'Autrichiens embusqués dans une redoute ; le ballon fut entièrement détruit. Peu de jours après, l'aérostat de la seconde compagnie, commandée par le capitaine L'Homond, eut également à essuyer le feu des Autrichiens. Comme il manœuvrait devant Francfort, il fut criblé de balles, et la compagnie tout entière des aérostiers fut emmenée prisonnière à Vürtzbourg, en Franconie.

L'aérostation militaire venait de subir de bien graves échecs. Cependant Coutelle ne se découragea pas. Pendant la suspension des hostilités, il fonda, par l'ordre du gouvernement, de concert avec Conté, l'établissement connu sous le nom d'*école aérostatique de Meudon*, dans lequel des jeunes gens sortis de l'École militaire étaient exercés aux manœuvres aérostatiques.

Outre les localités dont nous venons de parler, on a fait encore usage des aérostats à Bonn (dans le cercle de Cologne), à la Chartreuse de Liège, au siège de Coblentz, au Coq-Rouge, à Kiel et à Strasbourg. On en tira encore un certain parti à Andernach. Bernadotte, qui commandait à Andernach la division de l'armée française, pressé de monter dans le ballon, refusa catégoriquement : « Je préfère le chemin des ânes, » dit tout crûment le futur roi de Suède.

La carrière militaire des aérostats finit avec l'année même où les armées françaises s'en servirent pour la première fois. Bonaparte avait eu, il est vrai, le projet d'employer l'aérostation militaire en Égypte, et il emmena avec lui, sous la conduite de Conté, la seconde compagnie d'aérostiers, celle qui était restée prisonnière à Vürtzbourg ; mais le rôle des aérostats pendant la campagne d'Égypte n'eut rien de belliqueux. Les Anglais s'emparèrent du transport qui contenait la plupart des appareils nécessaires à la production du gaz, et tout se borna à de rares ascensions exécutées dans quelques réjouissances publiques. Une montgolfière tricolore de quinze mètres de diamètre s'éleva au milieu de la fête brillante qui fut donnée au Caire à l'occasion du 9 vendémiaire. Il y avait dans le spectacle de ces expériences majestueuses de quoi frapper l'imagination des Orientaux, et Bonaparte ne manqua pas de recourir à ce nouveau moyen d'étonner et de séduire les populations des bords du Nil ; mais il avait à un trop haut degré le génie militaire pour songer à introduire définitivement l'usage des aérostats dans les armées d'Europe. La surprise des premiers moments avait été favorable à ce nouveau moyen d'observation ; il est évident néanmoins que rien n'empêchait les autres nations de créer des instruments semblables, et dès-lors l'aérostation serait devenue pour toutes les armées un embarras de plus, sans avantage spécial pour les armées françaises. Il y avait d'ailleurs plus que de l'imprudence à consacrer des sommes considérables et un matériel embarrassant à créer des appareils qu'une volée d'artillerie bien dirigée peut mettre en quelques instants hors de service. À son retour d'Égypte, Bonaparte fit fermer l'école aérostatique de Meudon, et l'on vendit tous les ustensiles, tous les appareils qui existaient dans l'établissement.

Section IV

Un temps considérable s'était écoulé depuis l'invention des aérostats, et les sciences n'en avaient encore retiré aucun profit. Aussi l'enthousiasme qui avait d'abord accueilli cette découverte avait fait place à une indifférence et à un découragement extrêmes, et l'on fondait si peu d'espoir sur l'application des aérostats aux besoins des sciences naturelles, que vingt ans se passèrent sans amener une seule expérience dirigée dans cette voie ; ce n'est qu'en 1803 que s'accomplit la première ascension exécutée dans la vue d'étudier certains points de l'histoire physique de notre globe. Le physicien Robertson en fut le héros.

Tout Paris a vu, sous l'empire et sous la restauration, le physicien Robertson montrant, dans la rue de la Paix, à l'ancien couvent des Capucines, son cabinet de fantasmagorie. Les débuts de sa carrière avaient été plus brillants. Flamand d'origine, Robertson passa à Liège, lieu de sa naissance, la première partie de sa jeunesse. Il se disposait à entrer dans les ordres, et s'occupait à Louvain des études relatives à sa future profession, lorsque les événements de la révolution française le détournèrent de ce projet. Il vint à Paris et se consacra aux sciences physiques. Il s'est vanté d'avoir fait connaître le premier en France les travaux de Volta sur l'électricité. Tout ce que l'on peut dire, c'est que, lorsque Volta vint à Paris exposer ses découvertes, Robertson l'accompagnait auprès des savants de la capitale, et avait avec lui des relations quotidiennes. Peu de temps après, Robertson obtint au concours la place de professeur de physique au collège du département de l'Ourthe, qui faisait alors partie de la France ; mais son esprit aventureux et inquiet s'accommodait mal de la rigueur des règles de la maison : il abandonna sa place et revint à Paris. Après avoir essayé inutilement de diverses carrières, excité par les succès de Blanchard, il embrassa la profession d'aéronaute ; ses connaissances assez étendues en physique lui devinrent d'un grand secours dans cette carrière nouvelle ; elles lui donnèrent les moyens d'exécuter la première ascension que l'on ait faite dans un intérêt véritablement scientifique. Le beau voyage aérien qu'il exécuta à Hambourg, le 18 juillet 1803, avec son compatriote Lhoest, fit beaucoup de bruit en Europe. Les aéronautes demeurèrent cinq heures et demie dans l'air et descendirent à vingt-cinq lieues de leur point de départ. Ils s'élevèrent jusqu'à la hauteur de sept mille quatre cents mètres, et se livrèrent à différentes observations de physique. Entr'autres faits, ils crurent reconnaître qu'à une hauteur considérable dans l'atmosphère les phénomènes du magnétisme terrestre perdent sensiblement de leur intensité, et qu'à cette élévation l'aiguille aimantée oscille avec plus de lenteur qu'à la surface de la terre, phénomène qui indiquerait, s'il était vrai, un affaiblissement dans les propriétés magnétiques de notre globe à mesure que l'on s'élève dans les régions supérieures.

En quittant l'Allemagne, Robertson se rendit en Russie, et le bruit de ses expériences sur le magnétisme terrestre décida l'académie des sciences de Saint-Pétersbourg à les faire répéter par l'auteur lui-même. Avec le concours de cette académie, Robertson, assisté d'un savant moscovite, M. Saccharoff, exécuta à Saint-Pétersbourg une nouvelle ascension. Les expériences auxquelles ils se livrèrent ensemble confirmèrent ses premières assertions relativement à l'affaiblissement de l'action magnétique du globe. Les résultats observés par Robertson et Saccharoff soulevèrent beaucoup d'objections parmi les savants de Paris. Dans une séance de l'Institut, Laplace proposa de faire vérifier le fait annoncé par ces aéronautes relativement à l'affaiblissement de la force magnétique du globe, en se servant des moyens offerts par l'aérostation. Berthollet et plusieurs autres académiciens appuyèrent la demande de Laplace. Cette proposition ne pouvait être faite dans des circonstances plus favorables, puisque Chaptal était alors ministre de l'intérieur. Aussi la décision fut-elle prise à l'instant, et l'on désigna pour exécuter l'ascension MM. Biot et Gay-Lussac, qui étaient les plus jeunes et les plus ardents professeurs de l'époque. Conté se chargea de construire et d'appareiller l'aérostat. Les dispositions qu'il prit pour rendre le voyage aussi sûr que commode ne laissaient rien à désirer. Aussi, le jour fixé pour l'ascension, les deux académiciens n'eurent qu'à se rendre au jardin du Luxembourg et à monter dans la nacelle munis de leurs instruments. Cependant, au moment du départ, il survint un petit accident qui nécessita l'ajournement du voyage. L'aérostat s'était trouvé plus tôt prêt que les aéronautes, et ceux-ci crurent pouvoir sans danger le faire attendre ; mais les piquets auxquels étaient fixées les cordes qui le retenaient étaient plantés sur un terrain récemment remué et par conséquent peu solide ; une pluie abondante, tombée pendant la nuit, l'avait détrempé, de sorte que les piquets ne purent résister à la force ascensionnelle de l'aérostat. En arrivant au Luxembourg, MM. Biot et Gay-Lussac furent tout surpris de voir le ballon en l'air et un grand nombre de personnes occupées à ramener le fugitif. Heureusement on put saisir ses lisières, et on le ramena sur le sol. On dut néanmoins remettre l'ascension à un autre jour et choisir un local plus convenable. On se décida pour le jardin du Conservatoire des Arts-et-Métiers, et c'est de là que MM. Biot et Gay Lussac partirent le 20 août 1804, pour accomplir la plus belle ascension scientifique qu'on ait encore vue.

Le but principal de cette ascension était d'examiner si la propriété magnétique éprouve quelque diminution appréciable quand on s'éloigne de la terre. L'observation très-attentive à laquelle ils soumirent, pendant presque toute la durée du voyage, les mouvements de l'aiguille aimantée, amena les deux savants à conclure que la propriété magnétique ne perd rien de son intensité quand on s'élève dans les régions supérieures de l'air. À quatre mille mètres d'élévation, les oscillations de l'aiguille aimantée coïncidaient en nombre et en amplitude avec les oscillations reconnues à la surface de la terre. Les courageux observateurs expliquèrent l'erreur dans laquelle, selon eux, Robertson était tombé par la difficulté que présente l'examen de l'aiguille aimantée, sous l'influence des oscillations de l'aérostat. Ils constatèrent aussi, contrairement aux assertions de Robertson, que la pile de Volta et les appareils d'électricité statique ne fonctionnent pas moins bien à une grande hauteur dans l'atmosphère qu'à la surface du sol. L'électricité qu'ils recueillirent était résineuse, et sa quantité s'accroissait avec la hauteur. L'observation de l'hygromètre leur fit découvrir que la sécheresse croissait également avec l'élévation. MM. Biot et Gay-Lussac firent différentes observations thermométriques, mais qui ne furent pas suffisantes pour en tirer quelque conclusion rigoureuse relativement à la loi de décroissance de la température dans les régions élevées.

Le voyage aérostatique exécuté par MM. Biot et Gay-Lussac avait laissé beaucoup de points à éclaircir ; il fallait confirmer les premières observations et les vérifier en s'élevant à une hauteur plus considérable. Pour atteindre ce dernier but avec l'aérostat qui avait servi lux premières expériences, un seul observateur devait s'élever. Il fut décidé que M. Gay-Lussac exécuterait seul cette nouvelle ascension. Dans ce second voyage, M. Gay-Lussac confirma et étendit les résultats qu'il avait obtenus avec M. Biot relativement à la permanence de l'action magnétique du globe. Il prit un assez grand nombre d'observations thermométriques, et essaya de déterminer ainsi la loi de décroissance de la température dans les hautes régions de l'air. L'observation de l'hygromètre n'amena à aucune conclusion importante. À la hauteur de six mille cinq cents mètres, M. Gay-Lussac recueillit de l'air qui, soumis à l'analyse, se trouva parfaitement identique pour sa composition avec l'air qui existe à la surface de la terre. En terminant la relation de son beau voyage aérostatique, M. Gay-Lussac exprimait le vœu que l'Académie des Sciences lui donnât les moyens de continuer cette série d'expériences intéressantes. Malheureusement ce vœu n'a pas été rempli. Si l'on excepte une ascension faite en Amérique par M. de Humboldt, quelques tentatives plus récentes qui n'ont eu aucun résultat, il n'y a point à signaler d'autres voyages aérostatiques exécutés dans l'intérêt des sciences.

Jusqu'à ce moment, l'aérostation scientifique n'a guère mieux réussi, on le voit, dans ses premiers essais que l'aérostation militaire. Pourtant un bel avenir lui est réservé, nous le croyons ; mais, avant d'indiquer les questions qu'elle est appelée à résoudre, il faut suivre l'histoire de l'aérostation dans une dernière phase où son programme et ses prétentions se sont de nouveau modifiés. Désormais elle se préoccupe d'étonner plutôt que d'instruire, et, lorsqu'elle vise par moments à des succès moins vulgaires, c'est sur le côté chimérique de la découverte de Montgolfier, sur le problème de la direction des ballons, qu'elle concentre tous ses efforts. Le règne des aéronautes de profession succède en même temps à celui des courageux explorateurs, émules de Pilâtre et de Montgolfier. Le métier remplace la science ; il a, comme elle, ses célébrités, et c'est ainsi qu'il faut citer les noms de Mme Blanchard, de Jacques Garnerin, d'Élisa Garnerin, sa nièce, de Robertson, de Margat, de Charles Green et George Green, son fils.

Sous le directoire et sous le consulat, les grandes fêtes publiques qui se donnaient à Paris étaient presque toujours terminées par quelque ascension aérostatique. Le soin de l'exécution de cette partie du programme était confié par le gouvernement à Jacques Garnerin, qui s'en acquittait avec autant de talent que de zèle. L'ascension qui eut lieu à l'époque du couronnement de Napoléon est restée justement célèbre ; le gouvernement mit 30,000 francs à la disposition de Garnerin pour lancer, après les réjouissances de la journée, un aérostat d'une dimension colossale. Le 16 décembre 1804, à onze heures du soir, au moment où un superbe feu d'artifice venait de jeter dans les airs ses dernières fusées, le ballon construit par Garnerin s'éleva de la place Notre-Dame. Trois mille verres de couleurs illuminaient ce globe immense ; il était surmonté d'une couronne impériale richement dorée, et portait

tracée en lettres d'or sur sa circonférence cette inscription *Paris,
25 frimaire an XIII, couronnement de l'empereur Napoléon par
sa sainteté Pie VII*. La colossale machine monta rapidement et
disparut bientôt, au bruit des applaudissements de la population
parisienne. Le lendemain, à la pointe du jour, quelques habitants
de Rome aperçurent un petit globe lumineux brillant dans le ciel
au-dessus de la coupole de Saint-Pierre et du Vatican. D'abord
très peu visible, il grandit rapidement et laissa apercevoir enfin
un globe radieux planant majestueusement au-dessus de la ville
éternelle. Il resta quelque temps stationnaire, puis il s'éloigna dans
la direction du sud. C'était le ballon lancé la veille du parvis Notre-
Dame. Par le plus extraordinaire des hasards, le vent, qui soufflait
cette nuit dans la direction de l'Italie, l'avait porté à Rome dans
l'intervalle de quelques heures. Le ballon continua sa route dans
la campagne romaine. Cependant il s'abaissa bientôt, toucha le sol,
remonta, retomba pour se relever une dernière fois, et vint s'abattre
enfin dans les eaux du lac Bracciano. On s'empressa de retirer la
machine à demi submergée des eaux du lac, et l'on put y lire cette
inscription : *Paris, 25 frimaire an XIII, couronnement de l'empereur
Napoléon par sa sainteté Pie VII*. Ainsi le messager céleste avait
visité dans le même jour les deux capitales du monde. Il venait
annoncer à Rome le couronnement de l'empereur au moment
où le pape était à Paris, au moment où Napoléon s'apprêtait à
poser sur sa tête la couronne de l'Italie. Une autre circonstance
vint ajouter encore au merveilleux de cet événement. Le ballon,
en touchant la terre dans la campagne de Rome, s'était accroché
aux restes d'un antique monument. Pendant quelques minutes, il
parut devoir terminer là sa route ; mais, le vent l'ayant soulevé,
il se dégagea et remonta, laissant seulement accrochée à l'un des
angles du monument une partie de la couronne impériale. Ce
monument était le tombeau de Néron. On devine sans peine que
ce dernier fait donna lieu, en France et en Italie, à toute espèce de
réflexions et de commentaires. On ne se fit pas scrupule d'établir
des rapprochements et de faire des allusions sans fin à propos de
cette couronne impériale qui était venue se briser sur le tombeau
d'un tyran. Tous ces bruits vinrent aux oreilles de Napoléon, qui
ne cacha pas sa mauvaise humeur et son mécontentement. Il
demanda qu'il ne fût plus question devant lui de Garnerin ni de son

ballon, et, à dater de ce jour, Garnerin cessa d'être employé par le gouvernement. Quant au ballon qui avait causé tant de rumeurs, il fut suspendu à Rome à la voûte du Vatican, où il demeura jusqu'en 1814. On composa une longue inscription latine qui rappelait tous les détails de son miraculeux voyage ; seulement l'inscription ne disait rien de l'épisode du tombeau.

Dans cette période d'exhibitions industrielles, l'aérostation a eu ses désastres aussi bien que ses triomphes. On connaît la fin tragique de Mme Blanchard, veuve du célèbre aéronaute qui, après avoir recueilli des millions, était mort dans la misère. Blanchard avait dit en mourant à sa femme : « Après moi, ma chère amie, tu n'auras d'autre ressource que de te noyer ou de te pendre. » Mme Blanchard, mieux avisée, rétablit sa fortune en embrassant la périlleuse profession de son mari. Elle fit un très grand nombre de voyages aériens et finit par en acquérir une telle habitude, qu'il lui arrivait souvent de s'endormir pendant la nuit dans son étroite nacelle et d'attendre ainsi le lever du jour pour opérer sa descente. Dans l'ascension qu'elle exécuta à Turin en 1812, elle eut à subir un froid si excessif, que les glaçons s'attachaient à ses mains et à son visage. Ces accidents ne faisaient que redoubler son ardeur ; en 18.17, elle exécutait à Nantes sa cinquante-troisième ascension, lorsque, ayant voulu descendre dans la plaine à quatre lieues de Nantes, elle tomba au milieu d'un marais. Comme son ballon s'était accroché aux branches d'un arbre, elle y aurait péri si l'on ne fût venu la dégager. Cet accident était le présage de l'événement déplorable qui devait lui coûter la vie.

Le 6 juillet 1819, Mme Blanchard s'éleva au milieu d'une fête donnée au Tivoli de la rue Saint-Lazare ; elle emportait avec elle un parachute muni d'une couronne de flammes de Bengale, pour donner au public le spectacle d'un feu d'artifice descendant au milieu des airs ; elle tenait à la main une *lance à feu* pour allumer ses pièces. Un faux mouvement mit par malheur l'orifice du ballon en contact avec la lance à feu : le gaz hydrogène s'enflamma aussitôt ; une immense colonne de feu s'éleva au-dessus de la machine et glaça d'effroi les nombreux spectateurs réunis à Tivoli et dans le quartier Montmartre. On vit alors distinctement Mme Blanchard essayer d'éteindre l'incendie en comprimant l'orifice du ballon ; puis, reconnaissant l'inutilité de ses efforts, l'aéronaute s'assit dans la nacelle et attendit. Le gaz brûla pendant plusieurs minutes, le ballon se dégonflait peu à peu, il descendait, mais la rapidité de la descente était très modérée, et il n'est pas douteux que, si le vent l'eût dirigée vers la campagne, Mme Blanchard serait arrivée à terre sans accident. Malheureusement il n'en fut pas ainsi : le ballon vint s'abattre sur Paris ; il tomba sur le toit d'une maison de la rue de Provence. La nacelle glissa sur la pente du toit, du côté de la rue. — A moi ! cria Mme Blanchard. Ce furent ses dernières paroles. En glissant sur le toit, la nacelle rencontra un crampon de fer ; elle s'arrêta brusquement, et, par suite de cette secousse, l'infortunée Mme Blanchard fut précipitée hors de la nacelle et tomba, la tête la première, sur le pavé. On la releva le crâne fracassé ; le ballon, entièrement vide, pendant avec son filet du haut du toit jusque dans la rue.

Un autre martyr de l'aérostation est le comte François Zambeccari, de Bologne, dont les ascensions furent marquées par les plus étranges et les plus émouvantes péripéties. Le comte Zambeccari s'était consacré de bonne heure à l'étude des sciences. À vingt-cinq ans, il avait pris du service dans la marine d'Espagne ; mais il eut le malheur, en 1787, pendant le cours d'une expédition contre les Turcs, d'être pris avec son bâtiment. Il fut envoyé au bagne de Constantinople, et il languit pendant trois ans dans cet asile du malheur. Au bout de ce temps, il fut mis en liberté sur les réclamations de l'ambassade d'Espagne. Pendant les loisirs de sa captivité, Zambeccari avait étudié avec beaucoup de soin la théorie de l'aérostation ; de retour à Bologne, il composa un petit ouvrage sur cette question, et il soumit son livre à l'examen des savants de son pays. Ses travaux furent jugés dignes d'être appuyés par le gouvernement, qui mit des sommes considérables à sa disposition pour lui permettre de continuer ses recherches. Il parait que Zambeccari avait ajouté à l'appareil aérostatique une lampe à esprit de vin, dont il pouvait augmenter ou diminuer à volonté la flamme ; il espérait, à l'aide de ce moyen, diriger sa machine une fois qu'elle se trouverait tenue en équilibre dans l'atmosphère. Une première ascension, faite avec l'aérostat pourvu de cette lampe, eut le plus triste résultat. Les préparatifs du voyage n'ayant été terminés que vers minuit, c'est à cette heure avancée que Zambeccari se lança dans l'air avec deux de ses compatriotes, Andreoli et Grassetti.

Emporté d'abord à une hauteur extrême après vingt-quatre heures passées à jeun, Zambeccari tomba à demi-mort dans la nacelle entre ses deux compagnons, dont un seul, Andreoli, fortifié par un bon repas, resta éveillé. Vers deux heures du matin, Zambeccari reprit cependant connaissance ; en ce moment, le ballon commençait à descendre avec une rapidité effrayante. Il fallut jeter la lampe à esprit de vin et toutes les provisions inutiles ; mais alors les voyageurs, dont la lanterne s'était éteinte, se trouvèrent dans une obscurité complète, et le ballon n'en continua pas moins, quoique avec lenteur, son mouvement de descente. Quand, après de longs efforts, les aéronautes eurent pu rallumer peur lanterne, il était trois heures. Le ballon descendait toujours, et un bruit terrible, le bruit des vagues, ne tarda pas à avertir Zambeccari et ses compagnons qu'ils tombaient dans la mer Adriatique. Bientôt en effet la nacelle toucha les vagues ; en cet instant suprême, ayant jeté leurs derniers sacs de lest et jusqu'à leurs vêtements, les voyageurs furent de nouveau emportés à une hauteur telle que leur corps fut recouvert en quelques secondes d'une couche de glace. Pendant une demi-heure, la machine flotta dans ces espaces ténébreux et glacés, puis elle redescendit et retomba dans la mer. Heureusement le ballon à demi gonflé empêcha la nacelle de s'enfoncer complètement, et les voyageurs, traînés, ballottés par cette voile d'une nouvelle espèce, arrivèrent, après quelques heures d'une inexprimable angoisse, en vue de Pezzaro, vers le lever du jour. Ils n'étaient pas cependant au bout de leurs peines : les bâtiments auxquels ils demandaient du secours s'éloignaient tous de cette bizarre machine, qui épouvantait leurs matelots. Enfin il se trouva un navigateur pour venir en aide aux malheureux naufragés : on attacha une corde à la nacelle, on la hissa sur une chaloupe ; quant au ballon, on coupa le câble qui l'attachait à la nacelle, car les mouvements de ce vaste globe menaçaient de faire échouer le bâtiment, et on le vit alors remonter vers les nuages avec une rapidité prodigieuse.

Après avoir couru de si terribles dangers, Zambeccari aurait dû être dégoûté à jamais de ces expéditions périlleuses. Il n'en fut rien, et, à peine remis, il recommença ses ascensions. Il ne fut pas plus heureux. En s'élevant de terre, son aérostat vint heurter contre un arbre ; la lampe à esprit de vin, qu'il emportait comme moyen de direction, se brisa par le choc, l'esprit de vin se répandit sur ses vêtements et s'enflamma ; Zambeccari se trouva couvert de feu, sa machine elle-même commença à s'embraser, et c'est dans cette situation effrayante que les spectateurs le virent disparaître au-delà des nuages. Il réussit néanmoins à arrêter les progrès de cet incendie et redescendit, mais à demi brûlé.

En dépit de ce nouvel accident, l'infatigable aéronaute ne renonça pas au projet d'expérimenter son funeste appareil ; ses compatriotes lui refusant tout secours, il s'adressa au roi de Prusse, qui lui procura les moyens de poursuivre ses projets. Il fit une dernière expérience à Bologne le 21 septembre 1812. Cette fois le ballon du malheureux Zambeccari s'accrocha à un arbre, la lampe à esprit de vin mit le feu, et l'aéronaute retomba mort sur la plage avec les débris de sa machine.

Parmi les victimes de l'aérostation, nous citerons encore Sadler, qui, après une vie marquée par plus de soixante excursions aériennes, périt près de Bolton, en 1824, précipité hors de sa nacelle à la suite d'une descente trop rapide, et que le manque de lest empêchait de diriger ; — Harris, dont la chute près de Londres précéda de quelques mois celle de Sadler, et fut déterminée par l'emploi d'une machine mal construite ; — Olivari, mort près d'Orléans en 1802, après s'être enlevé sur une montgolfière qui avait pris feu à une lieue environ du point de départ. Un autre aéronaute, Mosment, avait coutume de s'élever debout, les pieds reposant sur un plateau très léger qui lui servait de nacelle. Il fit sa dernière ascension à Lille en 1806, et ce fut une perte d'équilibre qui, selon toute apparence, causa sa chute. L'aéronaute Dittorff périt près de Mannheim, en 1812, victime, comme Olivari, de l'emploi des montgolfières. La plupart des chutes aérostatiques doivent être attribuées à l'usage des ballons à feu : elles remontent presque toutes aux premières années de ce siècle. Depuis que l'usage du ballon à gaz a prévalu, la navigation aérienne n'est guère plus dangereuse que la navigation maritime. Si par intervalles quelques événements funestes viennent grossir le martyrologe de l'aérostation, ils ne sauraient guère s'expliquer que par la témérité ou l'inhabileté des opérateurs. M. Cocking, par exemple, était un amateur anglais qui s'était mis dans la tête de créer un nouveau parachute. M. Green, qu'il avait accompagné dans quelques ascensions, eut le tort d'ajouter foi à sa prétendue découverte et le tort plus grand encore de se prêter à l'expérience. Il était cependant bien facile de comprendre d'avance, que le projet de M. Cocking était tout simplement une folie. Voici en effet la disposition qu'il avait imaginée. Le parachute employé par les aéronautes est un véritable parasol dont la concavité regarde la terre ; en tombant, il pèse sur l'air atmosphérique et repose dès-lors sur un support résistant. M. Cocking prenait le contre-pied de cette disposition : il renversait le parasol dont la concavité regardait le ciel ; c'était un cône renversé, une sorte de vis, c'est-à-dire une disposition merveilleusement choisie pour précipiter la chute au lieu de la retarder. L'événement ne le prouva que trop. Dans une ascension faite au Vauxhall de Londres le 27 septembre 1836, M. Green s'était embarqué tenant M. Cocking et son déplorable appareil suspendus par une corde à la nacelle de son ballon. Parvenu à une hauteur de douze cents mètres, M. Green coupa la corde, et il d'ut considérer avec terreur la chute épouvantable du malheureux qu'il venait de lancer dans l'éternité. En une minute et demie, l'aéronaute fut précipité à terre, d'où on le releva sans vie.

La mort récente d'un autre aéronaute anglais, M. Gale, s'explique de même par une fatale imprudence. C'est exalté par les liqueurs alcooliques et privé du sang-froid si nécessaire au navigateur aérien, que M. Gale a tenté à Bordeaux les périlleux hasards d'une ascension équestre. Victime d'une fausse manœuvre de sa machine, le malheureux Gale s'est vu, après une descente mal dirigée, enlevé de nouveau à travers les airs. L'asphyxie de l'aéronaute et sa chute terrible sont un triste exemple des suites fatales qu'entraîne le moindre oubli des précautions imposées par le simple bon sens aux aventureux amateurs de la navigation aérienne.

Section V

Nous n'avons rien à dire des nombreuses expériences aérostatiques accomplies depuis quelques mois, si ce n'est que le goût des voyages aériens tend chaque jour à s'accroître. Il est toutefois un fait que nous avons déjà remarqué, et qui mérite qu'on s'en préoccupe c'est le retour des projets merveilleux pour la direction des ballons, qui coïncide avec l'engouement général dont la navigation aérienne est en ce moment l'objet.

La question de la direction des ballons a préoccupé, depuis les dernières années du XVIIIe siècle, un grand nombre de savane. Meunier, Monge, Lalande, Guyton de Morveau et beaucoup d'autres physiciens n'hésitaient pas à admettre comme possible la solution de cet attrayant problème. Les beaux travaux mathématiques que Meunier nous a laissés, relativement aux conditions d'équilibre des aérostats et à la recherche des moyens propres à les diriger, montrent à quel point cette pensée l'avait séduit. On peut en dire autant de Monge, qui a traité avec un soin particulier les problèmes mathématiques qui se rattachent à l'aérostation. Les opinions de Monge et de Meunier n'ont d'ailleurs pas manqué d'adversaires qui ont su les combattre victorieusement. Personne n'ignore, d'un autre côté, qu'une foule d'ingénieurs et d'aéronautes ont essayé de mettre à exécution diverses combinaisons mécaniques propres à diriger les ballons. Toutes ces tentatives n'ont amené aucune espèce de résultat, et la pratique a renversé l'espoir que certaines idées théoriques avaient pu faire admettre. L'on se fût épargné bien des mécomptes, si l'on eût étudié d'avance avec les soins nécessaires toutes les conditions du problème. Les géomètres qui ont tait de nos jours une étude approfondie de cette question sont arrivés à cette conclusion formelle : *Dans l'état actuel de nos connaissances et de nos ressources mécaniques, avec les seuls moteurs qui sont aujourd'hui à notre disposition, il est impossible de résoudre le problème de la direction des aérostats.* Cette proposition a été formulée, il y a quelques années, de la manière la plus nette dans un savant rapport de M. Navier. Pour diriger à volonté les ballons flottant dans les airs, on pourrait se proposer de suivre deux voies différentes : leur imprimer un mouvement horizontal au moyen d'un moteur convenable, ou bien chercher dans l'atmosphère les courants d'air les plus favorables à la marche, et se placer dans la direction de ces courants. Ces deux moyens ont été reconnus également impraticables : dans le premier cas, l'impétuosité des vents et l'insuffisance de nos moyens mécaniques, dans le second la même cause unie à l'impossibilité d'employer l'aiguille aimantée comme instrument d'orientation dans les airs, où l'aérostat ne trace aucun sillage, sont autant d'insurmontables obstacles opposés à la solution du problème de la direction des ballons. Les divers essais auxquels ce problème a donné lieu méritent pourtant d'être exposés et discutés rapidement.

Monge proposa, comme appareil de direction des aérostats, un système de vingt-cinq petits ballons sphériques attachés l'un à l'autre comme les grains d'un collier, formant un assemblage flexible dans tous les sens et susceptible de se développer en ligne droite, de se courber en arc dans toute sa longueur ou seulement dans une partie de sa longueur, et de prendre avec ces formes rectilignes ou ces courbures la situation horizontale ou différents degrés d'inclinaison. Chaque ballon devait être muni de sa nacelle et dirigé par un ou deux aéronautes. En montant ou en descendant, suivant l'ordre transmis au moyen de signaux par le commandant de l'équipage, ces globes auraient imité dans l'air le mouvement du serpent dans l'eau. Ce projet étrange n'a point été mis à exécution.

Meunier a traité plus sérieusement le problème des aérostats. Le travail mathématique qu'il a exécuté en 1785 sur toutes les questions qui se rattachent à l'aérostation est encore aujourd'hui ce que l'étude des difficultés de la navigation aérienne a produit de plus complet et à plus raisonnable. Meunier voulait employer un seul ballon de forme sphérique et d'une dimension médiocre. Ce ballon se trouvait revêtu à l'extérieur d'une seconde enveloppe destinée à contenir de l'air comprimé. À cet effet, un tube faisait communiquer cette enveloppe avec une pompe foulante placée dans la nacelle ; en faisant agir cette pompe on introduisait entre les deux enveloppes une quantité d'air atmosphérique dont l'accumulation augmentait le poids du système et donna ainsi le moyen de redescendre à volonté. Pour remonter, il suffisait de donner issue à l'air comprimé ; le poids du ballon s'allégeait, et le ballon regagnait les couches supérieures. Ni lest ni soupape n'étaient donc nécessaires, ou plutôt les navigateurs avaient toujours ce lest sous main, puisque l'air atmosphérique en tenait lieu. Quant aux moyens de mouvement, Meunier comptait surtout sur les courants atmosphériques : en se plaçant dans leur direction, on devait obtenir une vitesse considérable ; mais, pour chercher ces courants et pour s'y rendre, il faut un moteur et un moyen de direction. Meunier avait calculé que le moteur le plus avantageux, c'étaient les bras de l'équipage. Quai au mécanisme, il employait les ailes d'un moulin à vent qu'il multipliait autour de l'axe, afin de pouvoir les raccourcir sans en diminuer la superficie totale ; il leur donnait une inclinaison telle qu'en frappant l'air, ces ailes transmettaient à l'axe une impulsion dans le sens de sa longueur, impulsion qui devait être la cause du mouvement de translation imprimé au ballon. L'équipage était employé à faire tourner rapidement l'axe et les ailes de ce moulin à vent. Meunier avait calculé qu'en employant toutes les forces des passagers, il ne pourrait communiquer au ballon tout au plus que la vitesse d'une lieue par heure. Cette vitesse suffisait cependant au but qu'il se proposait, c'est-à-dire pour trouver le courant d'air favorable auquel il devait ensuite abandonner sa machine.

Voilà en quelques mots les principes sur lesquels le savant géomètre croyait devoir fonder la pratique de la navigation aérienne. Son projet de lester les ballons avec de l'air comprimé mériterait d'être soumis à l'expérience ; mais on voit que la navigation aérienne, même exécutée dans ces conditions, ne répondrait que bien imparfaitement aux espérances de ceux qui voudraient en remettre la conduite à l'unique force de la volonté humaine.

C'est à l'oubli des principes posés par Meunier qu'il faut attribuer la direction vicieuse qu'ont prise après lui les recherches concernant la marche des ballons. En s'écartant de ces sages et prudentes prémisses, en voulant lutter directement contre les courants atmosphériques, en essayant de construire avec nos moteurs habituels divers systèmes mécaniques capables de vaincre la résistance de l'air, on n'a abouti, comme il était facile de le prévoir, qu'aux échecs les plus déplorables. C'est ce qui arriva en 1801 à un certain Calais, qui fit au jardin Marbeuf une expérience aussi ridicule que malheureuse sur la direction des ballons. En 1812, un honnête horloger de Vienne, nommé Jacob Degen, échoua tout aussi tristement à Paris. Il réglait la marche du temps, il crut pouvoir asservir l'espace, et se mit à imaginer divers ressorts qui, appliqués aux ailes d'un ballon, devaient triompher de la résistance de l'air. Le système qu'il employait était une sorte de combinaison du cerf-volant avec l'aérostat. Un plan incliné, qui se porterait à droite ou à gauche au moyen d'un gouvernail, devait offrir à l'air une résistance et à l'aéronaute un centre d'action. L'expérience tentée au Champ-de-Mars trompa complètement l'espérance de l'horloger viennois ; le pauvre aéronaute fut battu par la populace, qui mit sa machine en pièces.

En 1816, Pauly de Genève, l'inventeur du fusil à piston, voulut établir à Londres des transports aériens. Il construisit un ballon colossal en forme de baleine, dont le volume n'était guère moindre de celui de ce cétacé. Il n'eut aucune espèce de succès. Le baron Scott avait également proposé, vers la même époque, un immense aérostat représentant une sorte de poisson aérien muni de sa vessie natatoire articulée et mobile, et qui devait offrir par sa marche dans l'air l'image du poisson dans l'eau. Ce plan resta à l'état de projet. C'est encore parmi les projets qu'il faut ranger la machine proposée en 1825 par M. Edmond Genet, frère de Mme Campan, établi aux États-Unis, qui a publié à New-York un mémoire sur *les forces ascendantes des fluides*, et a pris un brevet du gouvernement des États-Unis pour un *aérostat dirigeable*. La machine de M. Genet, d'une forme ovoïde et allongée dans le sens horizontal, présente une longueur de cent cinquante pieds (anglais) sur quarante-six de large et cinquante-quatre de hauteur. Le moyen mécanique dont il fait usage est un manège mû par des chevaux ; il embarquait dans l'appareil les matières nécessaires à la production du gaz hydrogène.

Ces divers projets n'ont pas été mis à exécution ; mais, par la triste déconvenue qu'éprouva, le 17 août 1834, M. de Lennox avec son fameux navire aérien *l'Aigle*, on peut juger du sort qui attendait ces rêveries, si on eût voulu les transporter dans la pratique. La superbe machine de M. de Lennox avait, selon le programme officiel, cinquante mètres de longueur sur quinze de hauteur. L'aérostat portait une nacelle de vingt mètres de long qui devait enlever dix-sept personnes ; il était muni d'un gouvernail, de rames tournantes, etc. « Le ballon est construit, disait le programme, au moyen d'une toile préparée de manière à contenir le gaz pendant près de quinze jours. » Hélas ! on eut toutes les peines du monde à faire parvenir jusqu'au Champ-de-Mars la malheureuse machine, qui pouvait à peine se soutenir. Elle ne put s'élever en l'air, et la multitude la mit en pièces.

Aujourd'hui le problème de la direction des aérostats vient d'être remis à l'ordre du jour. Un inventeur que n'a point découragé l'insuccès de ses nombreux devanciers, M. Petin, a tracé le plan d'une sorte de *vaisseau aérien*. Il réunit en un système unique quatre aérostats à gaz hydrogène, reliés par leur base à une charpente de bois, qui forme comme le pont de ce nouveau vaisseau. Sur ce pont s'élèvent, soutenus par des poteaux, deux vastes châssis garnis de toiles disposées horizontalement. Quand la machine s'élève ou s'abaisse, ces toiles présentent une large surface qui donne prise à l'air, et elles se trouvent soulevées ou déprimées uniformément par la résistance de ce fluide ; mais, si l'on vient à en replier une partie, la résistance devient inégale, et l'air passe librement à travers les châssis ouverts ; il continue cependant d'exercer son action sur les châssis encore munis de leurs toiles, et de là résulte une rupture d'équilibre qui fait incliner le vaisseau et le fait monter ou descendre à volonté en sens oblique le long d'un plan incliné. Là est toute la nouveauté du projet de M. Petin. Il n'est pas impossible que cette disposition permette en effet d'imprimer à la machine une sorte de marche oblique dans un sens déterminé, et ne donne ainsi les moyens de substituer à la marche verticale, à laquelle les aérostats ont obéi jusqu'ici, une direction oblique ; mais ces mouvements, provoqués par la résistance de l'air, ne peuvent évidemment s'exécuter que pendant l'ascension ou la descente le mouvement est impossible quand le ballon est en équilibre ou en repos. Il est indispensable, pour provoquer ces effets, d'élever ou de faire descendre le ballon en jetant du lest ou en perdant du gaz ; on n'atteint donc le but désiré qu'en usant peu à peu la cause de son mouvement. Il y a là un vice essentiel qui frappe au premier aperçu. Là n'est pas encore toutefois le défaut radical de ce système ce défaut auquel nous ne savons point de remède, c'est l'absence de tout véritable moteur. Le jeu de bascule que donne l'emploi des châssis pourra bien peut-être imprimer dans un temps calme un mouvement à l'appareil ; mais, pour surmonter la résistance des vents et des courants atmosphériques, il faut évidemment faire intervenir une puissance mécanique. Cet agent fondamental, c'est à peine si M. Petin y a songé, ou du moins les moyens qu'il propose sont tout-à-fait puérils. L'hélice est en définitive le moteur adopté par M. Petin. Or, les hélices ont été essayées bien des fois pour les usages de la navigation aérienne, et toujours sans le moindre succès. Quant à faire fonctionner ces hélices par le moyen des petites turbines qui figurent sur le dessin de l'appareil, cette idée n'est pas discutable. Outre que leurs faibles dimensions sont tout-à-fait hors de proportion avec le volume énorme de la machine, il nous semble douteux que les roues de ces turbines atmosphériques puissent fonctionner seules à l'aide de la résistance de l'air, car elles sont plongées tout entières dans le fluide, condition qui doit s'opposer à leur jeu. D'ailleurs, cet effet fût-il obtenu, il ne pourrait s'exercer que pendant l'ascension ou la descente de l'aérostat, et dès-lors la difficulté dont nous parlions plus haut se présenterait encore, car il faudrait, pour provoquer la marche, jeter du lest ou perdre du gaz, c'est-à-dire user peu à peu le principe même ou la cause du mouvement. L'auteur se tire assez singulièrement d'embarras en disant que l'hélice serait mue dans ce cas par la main des hommes ou par *tout autre moyen mécanique* ; mais c'est précisément ce moyen mécanique qu'il s'agit de trouver et en cela justement consiste la difficulté qui s'est opposée jusqu'à ce jour à la réalisation de la navigation aérienne.

L'expérience, aussi bien que les raisonnements théoriques, s'accorde donc à démontrer que le problème de la direction des aérostats demeure sans solution possible avec les moyens mécaniques dont la science dispose aujourd'hui. Il est temps de ramener l'aérostation dans une voie moins stérile. Malgré l'insuccès de quelques ascensions accomplies récemment dans un intérêt purement scientifique, l'aérostation peut, nous le répétons, être utilement employée à l'étude des grandes lois physiques du globe. Là est peut-être son avenir, c'est comme instrument de découverte scientifique qu'elle peut tenir un jour une grande place parmi les inventions modernes. On s'assurera de l'importance que peut acquérir l'aérostation dirigée dans cette voie par une rapide énumération des faits principaux sur lesquels les voyages aériens pourraient jeter quelque lumière.

La véritable loi de la décroissance de la température dans les régions élevées de l'air est encore, on peut le dire, ignorée. Théodore de Saussure a essayé de l'établir à l'aide d'observations comparatives prises sur la terre et sur des montagnes élevées, telles que le Rigi et le Col du Géant. Des observations pareilles, prises dans les Alpes, ont encore servi d'éléments à ses recherches ; mais toutes les observations recueillies de cette manière n'ont amené aucune conséquence générale susceptible d'être exprimée par une formule unique. D'après les expériences de Saussure, la température de l'air s'abaisserait de un degré à mesure que l'on s'élève de cent quarante à cent cinquante mètres dans l'atmosphère ; les observations prises dans les Pyrénées ont donné un degré d'abaissement pour cent vingt-cinq mètres d'élévation ; et, dans son ascension aérostatique, M. Gay-Lussac a trouvé le chiffre de un degré pour cent soixante-quatorze mètres d'élévation. On voit quelle différence et quel désaccord tous ces résultats présentent entre eux. Il est évident que la loi de la décroissance de la température dans les régions élevées pourra être fixée avec une très grande facilité et avec certitude par des observations thermométriques prises au moyen d'un aérostat à différentes hauteurs dans l'atmosphère. En multipliant les observations de ce genre sous diverses latitudes, à différentes saisons de l'année, à différentes heures de la nuit et du jour, on arrivera sans aucun doute à saisir la loi générale de ce fait météorologique.

On peut en dire autant de ce qui concerne la loi de la décroissance de la densité de l'atmosphère. La détermination exacte du rapport dans lequel l'atmosphère décroît de densité à mesure que l'on s'élève dépend de deux éléments : la décroissance de la température et la diminution de la pression barométrique. Des observations aérostatiques peuvent seules permettre d'établir ces éléments sur des bases expérimentales dignes de confiance, Les physiciens n'accordent, à bon droit, que très peu de crédit à la loi donnée par M. Biot relativement à la décroissance de la densité de l'air, car cette loi n'est calculée que sur quatre ou cinq observations prises dans les ascensions aérostatiques de M. de Humboldt et Gay-Lussac. C'est en multipliant les observations de ce genre et en se plaçant dans des conditions différentes de latitudes, d'heures, de saisons, etc., qu'on pourra la fixer d'une manière positive. Ajoutons que ce résultat aurait d'autant plus d'importance, qu'il fournirait une donnée certaine pour mesurer la véritable hauteur de notre atmosphère. En effet, étant connue la loi suivant laquelle décroît la densité de l'air dans les régions élevées, on déterminerait quelle hauteur cette densité peut être considérée comme insensible, ce qui établirait sur une base expérimentale solide le fait assez vaguement établi jusqu'ici de la hauteur et des limites physiques de notre atmosphère.

On fixerait encore avec beaucoup de facilité, grâce à l'emploi des aérostats, la loi de la décroissance de l'humidité selon les hauteurs atmosphériques. Les hygromètres que nous possédons aujourd'hui sont d'une précision si grande, que les observations de ce genre, exécutées dans des conditions convenablement choisies, donneraient sans aucun doute un résultat très satisfaisant, et auraient pour effet d'enrichir la physique d'une loi dont tous les éléments lui font encore défaut.

On admet généralement que la composition chimique de l'air est la même dans toutes les régions et à toutes les hauteurs : M. Gay-Lussac a constaté ce fait dans son ascension aérostatique ; mais les procédés d'analyse de l'air ont subi, depuis l'époque des expériences de M. Gay-Lussac, des perfectionnements de tous genres, et il est reconnu que l'analyse de l'air par l'eudiomètre, telle que ce physicien l'a exécutée, laisse une certaine part aux erreurs d'expérience. Il serait donc de toute nécessité d'analyser l'air des régions supérieures en se servant des procédés si remarquables indiqués par M. Dumas. Cette expérience, si naturelle, si facile et pour ainsi dire commandée, n'a jamais été exécutée ; c'est donc à tort, selon nous, que l'on admet l'identité de la composition de l'air dans toutes les régions. On a soumis, il est vrai, à l'analyse par les procédés de M. Dumas l'air recueilli au sommet du Faulhorn et du Mont-Blanc, et l'on a constaté son identité chimique avec l'air recueilli à la surface de la terre ; mais il n'est pas douteux que la hauteur des montagnes même les plus élevées du globe ne soit un terme très insuffisant pour la recherche du grand fait dont nous parlons.

Plusieurs physiciens ont admis la variation suivant les hauteurs de la quantité de gaz acide carbonique qui fait partie de l'air. Une des expériences les plus faciles à exécuter dans la série prochaine des recherches aérostatiques consistera à éclaircir ce point de l'histoire de notre globe.

Les expériences effectuées à l'aide d'un ballon aérostatique permettraient encore de vérifier la loi de la vitesse du son, et de reconnaître si la formule établie par Laplace est vraie dans les couches verticales de l'air comme dans les couches horizontales, ou, si l'on veut, de rechercher si le son se propage avec la même rapidité dans les couches horizontales de l'air et dans le sens de la progression verticale. Il est probable que le résultat serait différent, et la loi qu'on fixerait ainsi jetterait un jour nouveau sur les faits relatifs à la densité de l'atmosphère et sur quelques points secondaires qui se rattachent à ces questions.

Les phénomènes du magnétisme terrestre actuellement connus recevraient aussi des éclaircissements très utiles d'expériences exécutées à une grande hauteur dans l'air. Le fait même de la permanence de l'intensité de la force magnétique du globe à toutes les hauteurs dans l'atmosphère, admis par MM. Biot et Gay-Lussac comme conséquence de leurs observations aérostatiques, aurait peut-être besoin d'être examiné de nouveau. La difficulté que présente l'observation de l'aiguille aimantée dans un ballon continuellement agité par les vents, et qui éprouve presque perpétuellement une rotation sur lui-même, rend ces observations difficiles et susceptibles d'erreur. Il ne serait donc pas hors de propos de reprendre, dans des conditions convenables, l'examen de ce fait important.

Enfin, l'un des plus utiles problèmes que nos savants pourront se proposer dans le cours de ces ascensions sera de rechercher s'il n'existerait pas, à certaines hauteurs dans l'atmosphère, des courants constants. On sait que sur certains points du globe il règne pendant toute l'année des courants invariables, qui portent le nom de *vents alisés*. En prolongeant dans l'atmosphère les expériences aérostatiques, en se familiarisant avec ce séjour nouveau, en étudiant ce domaine encore si peu connu, peut-être arrivera-t-on à trouver, à certaines hauteurs dans l'atmosphère, quelques courants dont la direction soit invariable pendant toute l'année, ou bien encore qui se maintiennent périodiquement à des époques déterminées. La découverte de ces *vents alisés* ou de ces *moussons* des régions supérieures serait un fait immense pour l'avenir de la navigation aérienne, car, leur existence une fois constatée et leur direction bien reconnue, il suffirait de placer et de maintenir l'aérostat dans la zone de ces courants pour le voir emporté vers le lieu fixé d'avance. Pour peu que ces *moussons* fussent multipliées dans l'atmosphère, le problème de la navigation aérienne se trouverait résolu beaucoup mieux que par les combinaisons mécaniques dont nous avons démontré l'impuissance.

En attendant que d'aussi brillants résultats soient obtenus, l'aérostation peut dès ce jour hâter sur plus d'un point le progrès des science : physiques. C'est à elle de prendre pied dans ce domaine trop négligé ; c'est aux savants aussi de mieux comprendre l'avenir promis à l'art, des Pilâtre et des Montgolfier, et de rendre à l'aérostation la place qu'elle doit occuper parmi les plus utiles auxiliaires de l'observation scientifique.

Notes

1.   On trouve en effet, dans la grande carte de France de Cassini, feuille 52, au nord-est d'Ambert, le Mont-Golfier, et au-dessous le cros du Mont-Golfier.

2.   C'est ainsi qu'il changea le moteur employé dans la fabrique, modifia la disposition des séchoirs, et inventa des formes pour le papier grand-monde, inconnu avant lui. Il trouva aussi le secret de la fabrication du papier vélin, que la France avait jusqu'alors tiré de l'étranger.

3.   Ce n'est pas à Annonay, mais à Avignon, que se fit le premier essai d'un petit appareil fondé sur les principes que les frères Montgolfier avaient arrêtés entre eux. AI mois de novembre 1782, Étienne Montgolfier, que ses affaires avaient conduit dans la ville des papes, construisit un petit parallélépipède creux en soie, d'une capacité très petite puisqu'il contenait seulement deux mètres cubes d'air, et il vit avec une joie facile à comprendre ce petit ballon s'élever au plafond de sa chambre. De retour à Annonay, il s'empressa de répéter l'expérience avec son frère. Ils opérèrent en plein air avec ce même appareil, qui s'éleva devant eux à une grande hauteur.

4.   Voici le texte de cette pièce naïve où se trouve relaté le fait d'un ballon pris pour la lune. — Avertissement au peuple sur l'enlèvement des ballons ou globes en l'air. « On a fait une découverte dont le gouvernement a jugé convenable de donner connaissance, afin de prévenir les terreurs qu'elle pourrait occasionner parmi le peuple. En calculant la différence de pesanteur entre l'air appelé inflammable et l'air de notre atmosphère, ou a trouvé qu'un ballon rempli de cet air inflammable devait s'élever de lui-même dans le ciel jusqu'au moment où les deux airs seraient en équilibre, ce qui ne peut être qu'à une très grande hauteur. La première expérience a été faite à Annonay, en Vivarais, par les sieurs Montgolfier, inventeurs.

Un globe de toile et de papier de cent cinq pieds de circonférence, rempli d'air inflammable, s'éleva de lui-même à une hauteur qu'on n'a pu calculer. La même expérience vient d'être renouvelée à Paris, le 27 août à cinq heures du soir, en présence d'un nombre infini de personnes. Un globe de taffetas enduit de gomme élastique, de trente-six pieds de tour, s'est élevé du Champ-de-Mars jusque dans les nues, où on l'a perdu de vue. On se propose de répéter cette expérience avec des globes beaucoup plus gros. Chacun de ceux qui découvriront dans le ciel de pareils globes, qui présentent l'aspect de la lune obscurcie, doit donc être prévenu que, loin d'être un phénomène effrayant, ce n'est qu'une machine toujours composée de taffetas ou de toile légère recouverte de papier, qui ne peut causer aucun mal, et dont il est à présumer qu'on fera quelque jour des applications utiles aux besoins de la société.

« Lu et approuvé, ce 3 septembre 1783.

DE SAUVIGNY. »

5.   C'est le physicien Charles qui a été le héros de l'aventure, assez connue d'ailleurs, où Marat joua un rôle si bien en rapport avec ses habitudes et son caractère. Tout le monde sait que Marat était médecin, et que dans sa jeunesse il s'était occupé de travaux relatifs à la physique ; il a même écrit un ouvrage sur l'optique, dans lequel il combat les vues de Newton. Marat se présente un jour chez le professeur Charles pour lui exposer ses idées touchant les théories de Newton et pour lui proposer quelques objections relativement aux phénomènes électriques qui faisaient grand bruit à cette époque. Chartes ne partageait aucune des opinions de son interlocuteur, et il ne se fit pas scrupule de les combattre. Marat oppose l'emportement à la raison ; chaque argument nouveau ajoute à sa fureur, il se contient avec peine ; enfin, à un dernier trait, sa colère déborde, il tire une petite épée qu'il portait toujours et se précipite sur son adversaire. Charles était sans armes, mais sa vigueur et son adresse ont bientôt triomphé de l'aveugle fureur de Marat. Il lui arrache son épée, la brise sur son genou, et en jette à terre les débris. Succombant à la honte et à la colère, Marat perdit connaissance ; on le porta chez lui évanoui. Quelques années après, aux jours de la sinistre puissance de Marat, le souvenir de cette scène troublait singulièrement le repos du professeur Charles. Heureusement l'ami du peuple avait oublié les injures du

physicien.

6.   On a dit, qu'en descendant de sa nacelle, Charles s'était juré de ne plus s'exposer à ces périlleuses expéditions, tant avait été forte l'impression qu'il ressentit au moment où, Robert étant descendu, la machine, subitement déchargée de ce poids, l'emporta dans les airs avec la rapidité d'une flèche.

7.   Les ennemis du duc de Chartres ne manquèrent pas de mettre le dénouement de cette aventure sur le compte de sa poltronnerie. Dans son Histoire de la Conjuration de Louis d'Orléans, surnommé Philippe-Égalité, Montjoie, faisant allusion au combat d'Ouessant, dit que le duc de Chartres avait ainsi rendu les trois éléments témoins de la lâcheté qui lui était naturelle. On fit pleuvoir sur lui des sarcasmes et des quolibets sans fin. On répéta le propos que Mme de Vergennes avait tenu avant l'ascension, qu'apparemment M. le duc de Chartres voulait se mettre au-dessus de ses affaires. On le tourna en ridicule dans des vers satiriques, on le chansonna dans des vaudevilles. Tout cela était parfaitement injuste. En crevant son ballon au moment où il menaçait de l'emporter avec ses compagnons dans une région d'une incommensurable hauteur, le duc de Chartres fit preuve de courage et de sang-froid. Blanchard prit le même parti le 19 novembre 1785 dans une ascension qu'il fit à Gand, et dans laquelle il se trouva porté à une hauteur si grande, qu'il ne pouvait résister au froid excessif qui se faisait sentir. Il creva son ballon, coupa les cordes de sa nacelle, et se laissa tomber en se tenant accroché aux cordages du filet.

8.   L'abbé Miolan était un bon religieux qui, associé avec un certain Javinet, fit construire une énorme machine aérostatique. Le jour de l'ascension venu, cet appareil gigantesque ne put quitter la terre : la foule le mit en pièces et battit les aéronautes, qui devinrent les héros d'un vaudeville et d'une douzaine de chansons.

9.   Ce tour de force a récemment été répété plusieurs fois à Paris par un courageux aéronaute, M. Poitevin. Seulement le cheval était attaché au filet du ballon par un appareil de suspension, ce qui diminuait de beaucoup le danger de l'expérience. À une certaine hauteur, le cheval de M. Poitevin a éprouvé, comme celui de Testu-Brissy, une hémorragie abondante.

ISBN : 978-1981410101

www.ingramcontent.com/pod-product-compliance
Lightning Source LLC
Chambersburg PA
CBHW070127230526
45472CB00004B/1456